알기 쉬운

고분자 이야기

알기 쉬운

고분자 이야기

박오옥 지음

자유아카데미

머리말

나날이 발전해가는 현대사회 속에서 고분자는 우리가 모르는 사이에 생활 속 전반에 널리 퍼져 있습니다. 이 책은 공학도가 아닌 일반인들이 이러한 고분자를 이해하는 데 도움을 주기 위하여 집필되었습니다. 5개의 큰 주제와 60여 개의 작은 주제로 나누어 독자들이 부담 없이 읽을 수 있도록 준비하였습니다.

대부분의 고분자 입문서는 고분자화학을 중심으로 하는 화학적인 정보에 치우쳐 있어 일반인이 접근하기에는 쉽지 않습니다. 이 책에서는 이를 보완하여 고분자 자체의 개념 정리부터 시작해 실제 활용에도 많은 시간을 할애하며 고분자를 보다 일관되고 쉽게 이해하도록 정리하였습니다. 2021년에 발간한 대학생을 위한 개론서 『고마운 고분자 이야기』에 이어 보다 폭넓은 분들을 위한 입문서라고 하겠습니다.

현재 우리는 고도로 발달한 과학기술 기반 지식 정보 사회에 살고 있습니다. 기간 제조업은 이 사회를 저변에서 지탱하는 기초입니다. 기간 제조업의 하나로서 고분자(또는 플라스틱)로 대표되는 석유화학공업을 이해하는 데 도움이 되도록 최대한 쉽고 실용적으로 기술하고자 하였습니다. 과학기술 중심 사회에서 우리가 올바른 역할을 찾기 위해서는, 4차 산업 혁명의 변화를 스스로 체감해야 합니다. 이와 더불어 혁신적 변화가 완전 새로운 것만으로 이루어지는 것이 아니라, 이미 존재하고 있는 여러 부분이 발전적으로 진화하여 통합함으로써 이루어진다는 사실을 꼭 인식해야 합니다.

삶을 윤택하게 하려면 우리에게 즐거움을 주는 새로운 일거리와 주제를 스스로 찾아야 합니다. 이미 존재하고 있는 문제와 사실을 제대로 파악하고, 새롭게 정의해나가는 과정에서 비록 고생하겠지만 의미와 보람을 찾아낼 수 있을 것입니다.

무한한 노력과 상상력을 통해서만이 세렌디피티(serendipity), 즉 우연을 가장한 발견에 도달할 수 있습니다. 누구나 보는 것을 보지만, 아무도 생각하지 않은 것을 생각해야 새로운 발명이 됩니다. 그리고 그런 노력의 결과로 발전된 과학기술만이 실질적 부가가치를 만들어 내서 우리 삶의 질을 향상시킬 수 있음을 명심해야 합니다.

산업 혁명 이전의 지구 환경은 2억 명 정도만이 살 수 있는 곳이었습니다. 하지만 엄청난 과학적, 기술적 노력의 결과로 이제는 78억 명 이상의 인류가 그럭저럭 잘 먹고 살고 있는 셈이니 과학기술인들은 긍지를 느낄만합니다. 이제 점점 더 과학기술 발전이 가속되고 지식 혁명, 창조 혁명, 융합 혁명이 일어나고 있으니 우리의 할 일은 더욱 무궁무진하다 하겠습니다. 이러한 과학기술 발전에 고분자가 큰 역할을 하고 있음을 부인할 수 없을 것입니다. 여러 소재로 만들어지는 전기발광 소자 중에서 무기 재료를 이용한 발광소자(LED), 유기 재료를 이용하는 유기 발광소자(OLED), 고분자를 활용하는 고분자 발광소자(PLED) 등을 보면 고분자의 새로운 의미와 가치를 더 느껴 볼 수 있습니다. 단순한 디스플레이나 분위기용 조명이 아니라 에너지 절약에 보탬이 되어 지구 환경을 지킬 수 있습니다. 그뿐 아니라 많은 이들에게 희망의 빛을 선사하는 소자로서도 연구되고 있습니다.

인류의 영원한 문제인 식량, 에너지, 물, 의료복지, 테러 등을 극복하기 위하여 우리가 무엇을 할 것인지, 어떻게 할 수 있는지, 진지하게 고민해봐야 합니다. 고분자를 공부해야 하는 이유가 이런 이슈를 해결하고자 하는 데 있다면 억지일까요? 인구 증가로 인한 인류의 난제들은 과학기술로만 풀 수 있다는 사실은 오늘도 우리를 바쁘게 만듭니다.

지난 1985년부터 카이스트에서 가르치기 시작하였지만 2016년 가을에서야 비로소 고분자에 관한 우리말 교재를 집필하기 시작했습니다. 그 첫 결실로 2021년에 『고마운 고분자 이야기』가 출간되었으며 이제 드디어 일반인들을 위한 책 『알기 쉬운 고분자 이야기』가 나오게 되었습니다. 졸작을 기꺼이 받아주시고 마지막까지 꼼꼼히 챙겨주신 자유아카데미 관계자분들께 깊이 감사드립니다. 여러분께서 이 책을 통해 고분자와 과학기술을 이해하는 데 작게나마 도움이 되기를 간절히 바랍니다.

차례

1부 고분자 세상

2부 고분자와 분자량

3부 고마운 고분자

4부 고분자와 친구들

1부

고분자 세상

01

고분자 세상

분자보다 큰 고분자, 고분자보다 더 큰 초 고분자. 마치 오래된 유머인 "추장보다 높으면 고추장, 그보다 더 높으면 초고추장, 가장 높은 사람은 태양초고추장"을 연상하게 한다. 왜 '고분자(高分子)'라고 불리게 되었을까?

고분자는 영어로 **polymer**라고 한다. **poly**는 여럿이라는 의미이고 **mer**는 반복 단위를 말하는 것이다. 즉 고분자란, 동일한 반복 단위 여러 개가 모여 **하나의** 분자를 형성하는 물질이다. '다분자(多分子)'라고 번역할 수도 있지만, 이렇게 하면 분자 여러 개가 모여 있는 것으로 오해할 수도 있다.

polymer라는 용어를 다시 생각해 보면, 고분자가 왜 우리 주변에 많이 쓰이는지 눈치챌 수 있다. 반복 단위에 해당하는 저분자 물질(단량체monomer)만 준비되면 상업적으로 아주 쉽게 고분자를 만들 수 있다. 현재 여러 유용한 단량체들은 석유화학공업을 통해서 경제적으로 쉽게 얻을 수 있다.

한편 polymer 대신에 **macromolecule**이라는 표현도 사용한다. 이에 따라 거대(macro) 분자(molecule)라고 번역하여 부르기도 한다. 비슷한 뜻의 단어인 giant molecule도 사용한다.

polymer 중에서 특히 큰 분자로 된 경우 high polymer라고 부르는 것을 보면 이제야 고(高)를 쓰는 용어 '고분자'가 나온 연유를 알 듯도 하다. 아마도 일본 학계의 용어 선택을 따른 듯하다.[1]

이렇게 분자량이 아주 큰 분자가 존재한다는 사실이 밝혀진 것은 비교적 최근의 일이다. 고작 100여 년 전에 불과한 1920년, **헤르만 슈타우딩거**Hermann Staudinger에 의하여 '고분자' 개념이 제안되었으며, 여러 실험적 관찰을 통하여 서서히 이 개념이 옳다는 것이 증명되었다.

한국고분자학회는 故 조의환 교수가 한국과학기술원KAIST에서 화학 및 화학공학과 교수로 재직하던 1976년 주도적으로 결성했다고 하니, 한국에서 고분자학의 연륜이 그리 긴 것은 아니다. 그래도 매년 3,000여 명 이상의 학자가 봄, 가을로 모여 자신들의 연구 결과를 발표하고 토론하는 큰 학술대회를 개최하고 있으며, 이는 고분자의 사회적 쓰임새가 아주 크다는 하나의 방증이 된다.

멀리 갈 것도 없이, 우리가 매일 마시는 생수병의 원료가 바로 PET polyethylene terephthalate라는 일종의 고분자이다. PET는 사용 후 회수하여 재활용하기 편리하므로 생수병 외에도 다양한 분야에서 활용되고 있다. 연비가 높은 자동차를 만들기 위하여 비중이 높은 금속 대신에 경량화된 고분자 소재를 대체하여 사용하기도 한다. 비행기에도 금속

1 흥미로운 점은 고분자만 따로 다루는 학술단체가 일본에서 최초로 생겼고, 한국이 두 번째였다는 사실이다.

보다 가벼운 고분자 복합체가 많이 사용된다. 배달 음식을 시켜 보면 음식 컨테이너 등 각종 플라스틱 제품이 즐비하며, 포장용 필름도 역시 고분자 물질이다.

온 세상이 고분자로 가득 차 있는 듯하니 가히 고분자 세상이라 하겠다. 우리에게 이리도 가까이에서 우리의 생활을 편리하게 해주는 아주 친숙한 고분자에 대하여 우리는 무엇을 알고 있고 무엇을 모르고 있는가? 참으로 고마운 고분자에 대하여 하나씩 음미해 보자.

▲ 고분자의 개념을 처음 제안한 헤르만 슈타우딩거(좌)와 한국고분자학회의 8대 회장이었던 故 조의환 교수(우)

02

고분자 시대

인류의 역사는 당시를 지배하던 주된 소재를 기반으로 구분할 수 있다. 가장 먼저 흙을 사용하였던 토기土器 시대, 이후 돌을 사용한 구석기와 신석기 시대를 아우르는 석기石器 시대, 그리고 청동기青銅器 시대 및 철기鐵器 시대 등이다. 그렇다면 21세기를 지배하고 있는 주된 소재는 무엇일까? 지금은 가히 유기有機 소재, 즉 유연 고분자의 시대라고 할 수 있다.

우리 주변에서 흔히 찾아볼 수 있는 물질인 **플라스틱**plastics은 학술적으로 고분자의 한 종류로, 합성수지synthetic resin라고 부르기도 한다. 이외에도 고분자는 합성 섬유, 합성 고무, 페인트, 접착제 등의 여러 형태로 우리 생활에서 볼 수 있다. 고분자는 이처럼 우리 주위에서 흔히 발견되는 물질이며 실생활뿐 아니라 생명체 내에서도 결정적인 역할을 한다. 일찍이 **셍크**Schenck는 "천연 고분자가 없다면 생명체가 존재할 수 없고, 합성 고분자가 없다면 지금 생활 수준을 영위할 수 없다.(Without natural polymers, there would be no life, without synthetic polymers, no standard of living.)"라고 설파하기도 했다.

과학기술이 발전함에 따라 현대 유기 소재의 시대에서도 더 핵심이 되는 소재는 그 개념이 점점 미세화되어 왔다. 우리가 사용하는 여러 소재는 물질의 성질을 결정하는 단위인 '분자'로 이루어지기에 분자가 자연히 그 핵심 주제가 된다. 좀 더 자세히 들여다보면 분자는 여러 원자의 결합으로 이루어진다. 또 원자는 원자핵과 그 주위의 전자로 이루어져 있다. 결국 원자핵과 전자의 상관관계에 의해 여러 물리·화학적 현상들이 일어나게 되는 것이다. 이렇듯 개념의 중심이 **분자**에서 **원자**로, 다시 **원자**에서 **전자**로 작아지면서 논의가 깊어지고 확장된다. 그러다가 인류는 마침내 **광자**라고 하는 빛의 역할에도 주목하게 되었다. 파동이라고만 여겼던 빛, 즉 전자파가 입자의 성질도 가진 것이 알려지게 된 것이다.

이렇듯 점점 미세화되어만 가던 우리의 관심은 이제 나시 **고분자**라고 하는 거대 분자로 이동하고 있다. **플라스틱**이 세상을 좌지우지하게 된 것은 1967년경부터라고 생각된다. 석유화학 산업이 가장 먼저 발전한 미국에서 플라스틱의 사용이 이때쯤 급격히 늘어났으며, 마침내 플라스틱 없이는 일상생활을 제대로 영위하지 못하는 지경에 이른 것이다. 이 시기에 더스틴 호프만이라는 유명한 배우가 등장하는 영화 〈졸업〉에서도 앞으로 젊은이들이 제일 관심을 가져야 하는 것이 바로 플라스틱이라는 대사가 나온다. 요즈음으로 치면 **AI(인공지능)**라고나 할까?

전 세계적으로도 2015년에 이르면 이미 플라스틱의 총사용량이 부피 면에서 볼 때 금속의 사용량을 능가하였다. 이렇게 필수적인 고분자 소재는 기본적으로 다른 소재에 비해 유기물의 구성 비율이 높다.

따라서 용액 상태[1]에서 가공할 수도 있으며, 비교적 낮은 온도에서도 용융 상태[2]로 가공할 수 있다. 게다가 밀도[3]가 낮으므로 경량 소재로서의 이점도 있다. 만약 자동차 부품으로 활용된다면 경량화를 통해 연비향상을 도모할 수도 있는 것이다.

또한 석유화학 공업의 발달로 대량 생산이 가능해지면서 고분자는 비용 측면에서도 유리하게 조달할 수 있는 아주 유용한 소재가 되었다. 가공성이 뛰어나고, 가볍고, 유연하고, 열전도도가 낮고, 전기적으로도 절연 특성이 있어 여러 곳에 활용할 수 있다. 다만 경우에 따라 성능을 다소 개선하거나 색다른 기능성을 부여할 필요가 생기기도 한다.

고분자에 관해서는 우리나라도 이미 연간 1,600만 톤 정도의 플라스틱을 생산 소비하는 세계 상위의 제조업 대국이다. 즉, 우리나라도 고분자 시대에 깊이 진입해 있는 것이다. 따라서 고분자의 적절한 쓰임을 알고, 동시에 이로 유발되는 여러 이슈를 또한 적극적으로 검토해야 한다.

1 물질을 다른 물질에 녹인 것을 용액이라고 한다.

2 고체 물질에 열을 가하여 액체가 되는 것을 용융이라고 한다. 일반적인 고체인 금속을 용융 상태로 만들려면 엄청난 고온이 필요하다.

3 단위 부피가 나타내는 질량을 밀도라고 한다. 밀도가 낮다는 것은 동일 부피 대비 질량이 작다는 뜻이다.

우리나라의 5대 범용수지 생산 규모(단위: 천 톤)

		2019.6	2020.6
폴리에틸렌 계열	LDPE	1,452	1,462
	LLDPE	1,796	1,866
	HDPE	2,215	2,695
폴리프로필렌	PP	4,972	5,032
폴리스타이렌 계열	PS	1,224	705
	ABS	2,146	2,146
리염화바이닐	PVC	1,620	1,670
합성 고무 계열	SBR	649	416
	BR	618	618
	SB(Latex)	206	256
	NB-L	750	750
	NBR	152	152

출처: 석유화학 공업협회 자료

03

가까이 있는 천연 고분자

고분자는 자연에서 어떤 모습으로 우리에게 다가올까? 고분자의 발견은 고무나무에서 시작했다. 고무나무의 수액인 라텍스를 분석해보니 아주 작은 분자인 아이소프렌isoprene이라는 단량체가 선형으로 반복되어 연결되어 있다는 사실을 알게 되었다. 이를 토대로 상업적으로 활용 가능한 몇몇 단량체들을 석유 화학공업으로부터 얻어내었으며, 이를 중합하여 나일론nylon이나 폴리에틸렌 같은 합성 고분자를 마침내 대량으로 생산하게 되었다. 물론 이보다 훨씬 전부터 이 세상에는 수많은 고분자가 우리 가까이 존재하고 있었다. 자연 속에서 자연적으로 만들어지는 고분자, 즉 천연 고분자는 크게 세 가지 유형으로 나눌 수 있겠다.

첫 번째 부류는 **단백질** 또는 **폴리펩타이드**라고 불리는 고분자로서 인간의 주 영양소이다. 그뿐 아니라 생명체를 보호하거나 생화학 반응을 **촉매**하는 기질 역할, 생화학 반응 조절 기구의 기능을 한다.

특히 혈액 속으로 산소를 이송하는 단백질인 헤모글로빈은, 아미노산 153개가 연결된 미오글로빈 분자 4개가 초분자(super-molecular) 구조를 이루는 것으로 알려져 있다. 이 미오글로빈 분자를 구성하는 성분 중에는 철도 포함된다. 즉, 철 성분을 반드시 섭취해야 헤모글로빈이 정상적으로 작동하여 산소가 몸 곳곳으로 전달되고, 정상적으로 활동할 수 있다. 쉽게 이야기하면 사람은 모름지기 '철'이 들어야 한다는 것이다.

우리 몸속에서는 20가지 천연 아미노산을 조합하여 여러 종류의 단백질을 만들 수 있다. 이 아미노산 중에서 11가지는 인체 내에서 합성할 수 있지만, 나머지 9가지의 아미노산(루신, 라이신 등)은 인체에서 합성할 수 없으므로 반드시 외부에서 섭취해야만 한다. 이를 **필수 아미노산**이라고 한다. 콩나물에 많이 함유되어 있고 숙취 해소에 좋다고 알려진 아스파라긴산은 인체 내에서 합성이 가능한 것으로 알려진

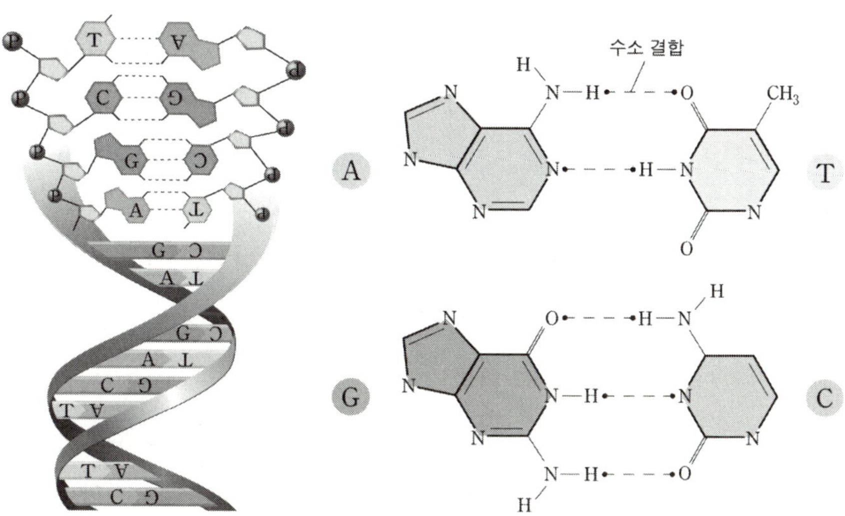

▲ 고분자 DNA의 이중 나선 구조

대표적인 아미노산이다.

천연 고분자의 두 번째 부류는 유전정보와 관련이 있는 **폴리뉴클레오타이드**polynucleotides이다. 여기에는 유전정보의 저장 장소가 되는 DNAdeoxyribose nucleic acid, 그리고 리보솜ribosome에 자신의 구조 정보를 전달해서 단백질 합성을 관장하는 RNAribose nucleic acid가 있다. DNA는 여러 유전정보를 저장하기 때문에 분자량이 아주 크며 이중 나선 구조double helix를 이룬다. 반면에 RNA는 단일 나선single helix이어서 분자량도 작은 편이다. RNA는 그 기능에 따라 t-RNA, m-RNA, r-RNA로 다시 나눌 수 있는데 최근 새로운 코로나 백신으로 개발되면서 m-RNA가 더 잘 알려지게 되었다.

세 번째 부류의 천연 고분자는 다당류라고도 하는 **폴리사카라이드**polysaccharide이다. 이들은 고리형 당류의 축중합으로 만들어지며 에터기ether로 연결된 선형 고분자이다. 대표적으로는 셀룰로스, 녹말, 키틴, 키토산이 여기에 속한다. 이 또한 우리의 영양소이자 천연 섬유로서, 그 용도가 매우 많은 고분자이다.

자연에서 가장 많은 고분자가 바로 셀룰로스이다. 의복에 사용하는 면섬유의 94%는 셀룰로스이며, 나무의 구성 성분 중 약 50%가 셀룰로스라고 알려져 있다. 쉽게 구할 수 있는 셀룰로스가 가공마저 쉽다면 그야말로 완벽한 고분자였을 것이다. 그러나 셀룰로스는 무수 글루코스 단위가 아세탈 다리로 연결되어 있어 수소 결합이 가능한 결정성 고분자이므로 가열해도 녹지 않을 뿐 아니라 녹이는 용매도 없기에 가공이 원천적으로 불가능하다. 따라서 이를 가공하기 위하여 특별한 화학적 개질 절차를 거친 다음 가공 후 본래대로 환원시키는 어려운 작업이 필요하다.

다당류 중 두 번째로 많은 물질은 **녹말**starch로, 식물이 광합성을 통해 만들어내는 에너지 저장용 다당류 물질이다. 녹말은 아밀로스와 아밀로펙틴으로 나뉜다. 전자는 선형이지만, 후자는 잔가지를 많이 가진 물질이다.

아밀로펙틴과 구조가 유사하지만 더 많은 잔가지를 가지는 물질에는 동물 속 조직 내에서 에너지를 저장하는 물질인 **글리코젠**glycogen이 있다. 식물과 동물의 에너지 저장 물질들이 비슷한 분자 구조를 가진다는 것은 아주 흥미로운 일이다. 이외에도 자연에서 만들어지는 엘라스틴이라는 단백질은 탄성을 가진 물질이며 고무나무에서 얻어지는 천연고무는 대량 생산이 이루어지는 천연 고분자이다.

단백질체학proteomics이라고 하는 최신 학문은 이런 세포나 개체에서 발현되는 단백질 및 그 대사를 연구하는 학문이다. 2000년, **인간 게놈 프로젝트**human genome project에 의하여 인간의 게놈genome(유전체)에 존재하는 200,000여 개의 단백질이 밝혀졌다. 이에 따라 특정 단백질과 이를 만드는 유전자의 기능을 동시에 밝혀 그 기능을 이해하고 이를 우리에게 유용하게 활용하는 방법을 강구하는 것이 단백질체학의 주제가 되고 있다. 단백질의 종류 만큼 앞으로 연구할 내용이 무궁무진하다 하겠다.

새로운 연구 주제들은 가히 모두 바이오 분야에서 나오며, 물리화학적인 접근으로 산적한 문제들을 해결한다. 바야흐로 융합과학의 시대의 문이 활짝 열린 것이다.

04

생명체는 왜 고분자를 만드는가?

셀룰로스는 식물성 구조재, 식물성 섬유이며, 우리 주변에서 가장 흔한 천연 고분자이다. 식물은 자체의 골격을 유지하기 위해 스스로 셀룰로스를 만들어낸다. 동물성 섬유인 비단 역시 누에가 자신을 보호할 집을 만들기 위해 스스로 몸속에서 합성하여 만든 것이다.

앞서 언급했듯이, 셀룰로스는 불용성으로 이를 녹이는 용매도 없고 온도를 올려도 용융되지 않는 아주 안정한 물질이다. 자연에 몹시 풍부한 이 셀룰로스를 활용하고자 하는 노력 끝에, 이 물질을 다른 물질로 먼저 변환시키고 이를 녹여 가공한 다음 다시 환원시키는 방식을 찾아내었다. 셀로판 필름과 레이온 섬유가 바로 이러한 과정을 거쳐 셀룰로스로 만들어진 소재들이다. 결국 인간이 고분자를 만들어내는 이유도 스스로를 보호하기 위해서인 것이다.

식물들이 에너지 저장용으로 만들어 뿌리, 열매 등에 보관하는 다당류 녹말은 후일을 위한 에너지원으로 활용될 고분자로서 광합성에 의하여 만들어진다. 크게 **아밀로스**와 **아밀로펙틴**으로 구별되는데, 이들은 모두 100~6,000개 정도의 글루코스가 선형으로 중합되어 연결된 고분자이며, 잔가지 유무가 두 경우에서 약간의 차이를 보인다.

동물도 조직 속에 에너지를 저장하기 위해 고분자인 글리코젠을 만든다. 글리코젠은 녹말과 유사한 물질로서 이보다 더 가지가 많은 구조이다. 이들은 모두 생명체가 후일 사용하고자 하는 목적으로 저축하는 것이다.

박테리아가 만드는 고분자 **PHB**poly-β-hydroxybutyrate도 미래의 에너지원을 세포 속에 축적하는 것으로, 동물이 지방을, 식물이 녹말을 저장하는 것과 같은 이치이다. 최근에는 유전자 조작에 의하여 이런 물질이나 유사 물질을 인위적으로 더 많이 만들도록 유도하기도 한다. 어찌 보면 인간의 욕심 때문에 미생물들이 자신들의 의사에 무관하게 혹사당하는 형국이라고 볼 수도 있다. 이렇게 만들어진 고분자는 생분해성을 가지고 있어 어느 정도 기계적 물성만 보장된다면 아주 유용한 소재가 됨직하다.

동물, 식물 그리고 미생물은 결국 생명체를 보존하고자 하는 노력으로 고분자 물질을 자체적으로 합성하여 이용하는 것이다. 이는 또한 고분자 물질이 결코 미생물 자신이나 주위에 해를 끼치지 않는다는 직접적인 증거가 되는 셈이다. 미세플라스틱 문제가 심화되면서 플라스틱 소재들이 경원시되고 있는 실정이지만, 플라스틱 역시 고분자의 일종으로 올바르게만 사용한다면 그 자체로는 결코 유해하다고 볼 수는 없는 것이다.

05

가황 공정의 발명

1820년에 토마스 핸콕Thomas Hancock에 의하여 **천연고무**natural rubber가 세상에 알려지기 전부터 아마존유역의 인류들은 고무 덩어리를 사용하고 있었다. 그러나 당시에는 물이 통하지 않는 성질만을 이용해 방수 등의 목적으로 옷이나 다른 재질 여러 곳에 코팅해서 활용했을 뿐이었다. 그런데 기온이 올라감에 따라 금방 고무 코팅이 흘러내리는 심각한 문제점 때문에 원활한 **방수 기능**을 발휘할 수가 없었다.

1839년 **찰스 굿이어**Charles Goodyear가 아주 우연한 기회를 통해 이를 해결한 일화는 유명하다. 그는 항상 이 문제를 두고 고심하였는데, 난로 옆에 놓아두었던 고무 라텍스 통에 실수로 유황 가루를 뿌리게 되었다. 이후 난로에서 나오는 열기에 의하여 황과 고무 사이에서 가교반응이 일어나면서 고체 고무가 얻어졌다. 이 고무는 신기하게도 아주 탄성이 높았으며, 넓은 온도 범위에서도 그 물성이 유지되었다. 이것이 바로 오랜 몰입 끝에 우연히 얻어낸 **세렌디피적**serendipity 발명이라 할 수 있겠다.

사실 굿이어는 발명가로서 그리 행복하지 못하였다. 1800년에 미국

코네티컷주(州) 뉴헤이번에서 출생한 그는 아버지가 경영하는 철물상에서 일하면서 냉서冷暑에 견디는 고무의 가공법에 관심을 가졌다. N. 헤이워드와 함께 생고무에 황을 혼합하는 실험을 거듭하다가, 위의 공정으로 얻어낸 가황加黃 고무의 조각이 냉서에 견디는 성질을 발견하여 1844년 특허를 받았다. 그러나 특허권 침해소송에 시달려 1852년에 이르러서야 승소 판결을 받아낼 수 있었다.

이어 그는 특허품을 가지고 1851년 제1회 만국박람회의 개최지인 영국으로 건너가 공장을 세우려 했다. 그러나 그의 특허가 프랑스에서는 도리어 고소를 당하여 패소하였기 때문에 뜻대로 공장을 세울 수 없었다. 그는 사업부채를 갚지 못하여 투옥되기도 하였다.

흔히 **가황 공정**vulcanization이라고 부르는 이 발명은 로이스톤 로버츠의 책「Serendipity, Accidental Discoveries in Science」에 자세히 소개되어 있다. 발명가의 이름 굿이어Goodyear는 현재에도 미국 유명 타이어 제조사 이름으로 남아 있다.

◀ 가황 공정의 아버지 찰스 굿이어
출처: Public Domain, Wikimedia Commons.

06

고분자의 수명

우리 생활에서나 산업적으로 몹시 유용한 고분자라 하더라도, 실제 사용할 때는 그 성능 및 수명에 좌우하는 여러 인자를 먼저 고려해야 한다. 합성 고분자는 기본적으로 탄소와 수소 등으로 이루어진 유기물이므로 다른 소재에 비하여 여러 환경 요인에 따라 물리, 화학적 변화가 일어날 가능성이 높기 때문이다.

합성 고분자의 수명에 영향을 미치는 환경적 요인으로는 기체상 또는 액상 유기 용매, 수분, 오존, 햇빛, 생분해 및 방사선을 생각할 수 있다. 특히 가시광선보다 에너지 레벨이 높은 자외선 영역의 빛이나 오존에 의한 영향은 아주 치명적이다.

예를 들어 타이어의 주성분인 고무는 불포화 결합을 하는 대표적인 고분자이다. 그런데 이런 고분자는 오존에 장시간 노출되면 분해가 유발되므로 수명이 단축되고 파괴 현상에 쉽게 이르게 된다. 이를 방지하려면 가공할 때 **카본블랙** 같은 충전제filler나 노화방지제 같은 안정제stabilizer를 같이 넣어야 한다. 카본블랙이 없었다면 지금 수준의 타이어 수명은 결코 달성할 수 없었으리라 여겨진다.

그런데 어떤 경우에는 일부러 고분자의 **생분해**biodegradation를 유도할 필요가 있다. 플라스틱 병이나 포장재에 특정 성분을 포함시키면, 미생물에 의해 이산화 탄소 그리고 물 및 생체질량biomass으로 스스로 분해된다. 즉, 고분자 쓰레기를 모아 매립landfill해야 하는 부담을 줄일 수 있어 자연보호에 도움이 되는 것이다. 이때는 반드시 자기의 주어진 수명을 다 채운 다음, 환경에 해가 없는 부산물by-products로만 분해되어야 한다.

고분자의 수명과 관련하여 한 가지 지적하고자 하는 사실이 있다. 특정 사용 목적에서 요구되는 물성을 더 이상 만족하지 못하면 고분자는 폐기된다. 그러나 폐고분자는 유용한 연료의 기능도 충분히 발휘할 수 있다. 현재처럼 그냥 매립하여 버리는 것은 일종의 낭비라 볼 수도 있다는 점이다.

고분자는 탄소, 수소 등의 공유 결합으로 이루어진 큰 분자량의 탄화수소 계열의 유기 분자이므로 근본적으로 열에 의하여 쉽게 분해가 일어난다. 사실 가열하면 어느 정도 중합이 더 진행될 수도 있지만, **해중합**depolymerization 반응이 더 빠르므로 전체적으로는 열분해를 경험하게 된다. 뿐만 아니라 가공 중이나 실제 사용하는 동안 전단력이 작용하면 기계적 분해도 일어날 수 있다. 산소, 오존, 자외선, 감마선, 초음파, 수분 및 화학 성분chemical agents에 의하여 분해가 촉진되기도 한다. 광산화photo oxidation 현상은 빛의 영향과 산소에 의한 반응이 동시에 진행되는 경우로서 그 진행이 가속화될 수도 있다.

내후성 실험weathering experiments을 통해 고분자의 성능을 미리 측정할 수도 있다. 이는 UV, 가시광선, IR 등의 적절한 방사선을 주면서 수분, 주기적 온도 변화, 바람 등을 제어하는 가속 실험 방법으로, 자연 환경 속에서 고분자의 성능 저하를 미리 실험해 볼 수 있다. 고분자는 여러모로 유용한 만큼 용도도 매우 다양하지만 본질적으로 유연한 유기 소재이므로 분해 등 부작용을 일으킬 수 있으니 항상 유의하여야 한다.

07

폐플라스틱의 회수와 활용

플라스틱이라고 알려진 고분자의 활용으로 우리의 생활 수준이 향상된 것은 누구나 경험하고 있다. 따라서 중진국에서 선진국으로 진입할수록 1인당 플라스틱 소비량이 거의 곱절로 늘어나고 있다. 현재 77억이 넘는 인류가 사용하는 플라스틱은 미세플라스틱 문제 등 여러 환경적 폐해를 가져올 수 있기에 그 회수와 동시에 재활용 등 후속 대책이 매우 중요하다.

특히 우리나라를 비롯하여 벨기에, 대만은 유난히 많은 양의 플라스틱을 소비하고 있다. 범용 플라스틱 중에서 회수, 재활용이 가장 용이하다고 여겨지는 **폴리플로필렌**PP의 경우에는 신제품을 만들 때부터 재활용 수지를 일정량 사용하도록 의무화하는 방법으로 그 회수와 재활용을 적극 장려하고 있다. 범용성이 좋은 PET, LDPE, PP, PVC, PS 등도 사용하는 재질을 확실히 명시하고 회수 재활용이 용이하도록 하는 체계적 접근 방법을 도입하여 플라스틱 과다 사용에 따른 환경 문제를 조금이라도 풀어나가는 노력이 절실히 필요하다. PET의 경우 원재료인 단량체로 분해해서 다시 중합하는 방식으로 재활용하는 방안

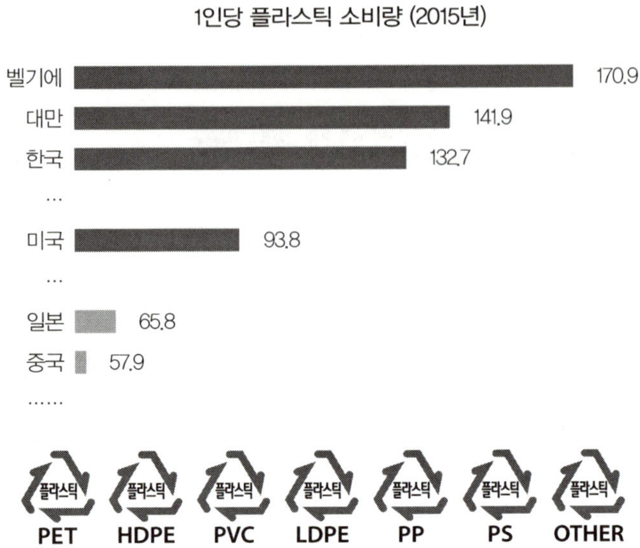

▲ 나라별 1인당 플라스틱 소비량과 한국환경공단에서 제공하는 플라스틱의 분리배출 표시
출처: 유럽플라스틱 제조사협회, 한국환경공단

이 많이 연구되고 있다.

고분자를 회수하여 효과적으로 재활용하려면 그 종류별로 분리하여 수거할 필요가 있다. 한국환경공단에서 제공하는 재질별 분리배출 표시에서 보는 바와 같이 1. 음료수 병으로 사용되는 PET, 2. 고밀도폴리에틸렌HDPE, 3. 폴리염화바이닐PVC, 4. 저밀도폴리에틸렌LDPE, 5. 폴리프로필렌PP, 6. 폴리스타이렌PS, 7. 기타OTHERS로 표기하면 사용 후 분리 회수하기 편리하므로 재활용하기 아주 쉽다. 소비자들의 꾸준한 노력으로 고분자 분리·회수를 적극 활성화하여 환경을 생각하는 폐기물 처리가 더욱 활발해졌으면 좋겠다.

08

고분자 수지 개발의 역사

고분자는 크게 두 가지로 나뉜다. 하나는 **열가소성 고분자**thermoplastic인데, 열을 가하면 녹아 액체처럼 유동성을 가지다가 다시 냉각하면 고체로 변화하는 가역적 변화를 보여주기 때문에 가공이 아주 편리하다. 다른 하나는 **열경화성 고분자**thermosetting plastic로, 한번 고체로 경화되면 가열하여도 고체상의 분해만 일어날 뿐 다시 액상으로서의 유동성을 가질 수 없는 비가역적인 변화를 보여주기 때문에 가공이 어렵다. 자연에서 발견되는 천연 고분자들은 주로 열가소성 고분자의 형태로 중합되지만, 합성 고분자의 발전 역사에서는 열경화성 고분자가 먼저 발명된 후에 열가소성 고분자가 상용화되었다.

1870년 **존과 하얏트**John and Hyatt는 그 당시 당구공으로 사용하던 코끼리 상아의 수요가 급격히 늘어나자 이를 대체할 수 있는 고분자 물질을 만들어 보기로 하였다. 수많은 시도 끝에 마침내 질소화 셀룰로스를 캄퍼camphor 및 알코올 용액으로 반응시켜 **셀룰로이드**celluloid라는 플라스틱을 만들었다.[1] 지금으로 보면 열경화성 수지thermosetting resin 하나를 발명한 셈이다. 하지만 이것은 약간의 폭발성이 남아 있어 그리 오래 사용되지 못하였다.

이후 1910년에는 **리오 베이클랜드**Leo Baekeland가 또 다른 종류의 열경화성 수지인 페놀 폼알데하이드 수지를 페놀phenol과 폼알데하이드formaldehyde를 반응시켜 얻었다. 이를 **베이클라이트**Bakelite라는 상품명으로 시판하여 초창기 라디오 등 각종 가전제품의 케이스로 널리 사용되었다. 이어 1912년에는 제너럴일렉트릭(GE)사에서 열경화성 수지의 하나인 **글립탈**glyptal 수지를 개발하였다. 이때는 아직 분자량이 아주 큰 물질이라는 고분자의 개념과 존재를 제대로 이해하지 못하는 상황이었다. 그러나 존과 하얏트, 그리고 베이클랜드는 끊임없이 화학 반응을 시도하여 이들을 만들어 냈으니 그 끈기에 경의를 표한다.

이후 **헤르만 슈타우딩거**가 제안한 고분자라는 개념이 서서히 인정받으면서 간단한 단량체와 촉매, 온도, 압력 등 적절한 중합 반응 조건을 알면 쉽게 고분자량의 중합체, 즉 고분자를 만들 수 있다는 사실이 밝혀졌다. 그러면서 더욱 다양한 고분자들이 합성되기 시작하였다.

세상의 주목을 많이 받은 것은 1930년 듀퐁Dupont사에 의하여 공개된 **나일론**nylon이다.[2] 석탄과 물과 공기로부터 만들었다 하여 대대적으로 선전하였을 뿐 아니라 그 강인한 물성으로 인하여 여성용 스타킹 및 낙하산 재료로 사용되는 아주 유용한 섬유 소재가 되었다. 이후 합성된 여러 종류의 고분자 중에는 **테플론**teflon도 듀폰사에 의하여 발

1 Roystons M. Roberts, 「Serendipity, Accidental Discoveries in Science」, Wiley, 1989, 'Ch.16 Celluloid and Rayon: Artificial Ivory and Silk'

2 Ibid., 'Ch.25 Nylon: Cold Drawing Does the Trick'

명되었다. 1938년 다우Dow사에 의해 스타이렌 단량체가 중합되면서 폴리스타이렌polystyrene, PS을 얻었다. 1939년에는 저밀도폴리에틸렌low density polyethylene, LDPE도 영국의 ICI사에서 에틸렌 가스를 중합하여 만들게 된다.[3] 이들은 모두 열가소성이며, 현재의 합성 고분자는 열가소성 수지가 90% 이상을 차지하고 있다.

기존의 석탄 화학 산업 위주에서 석유화학 공업이 발전함에 따라 원유에서 얻어지는 **나프타**naphtha 그리고 이를 이용한 각종 단량체를 대량으로 값싸게 생산할 수 있게 되었다. 이에 따라 고분자의 생산 및 소비가 급격히 증가하였다. 현재는 나프타뿐 아니라 미국을 중심으로 **셰일 가스**shale gas가 등장하여 석유화학 산업도 획기적인 변화를 맞이하고 있다. 게다가 사우디아라비아 등의 산유국이 석유화학 산업에 직접 참여하면서 그 생산이 더욱 확대되었다. 점점 너 국제 경쟁이 심화되고 있는 것이다. 이에 발맞추어 우리나라의 석유화학 산업도 전략적 다변화 등 적절한 대책을 강구해야 한다.

3 Ibid., 'Ch.26 Polyethylene: Thanks to Leaky and Dirty Equipment'

09

고분자의 유리 전이 온도

온도의 변화에 따라 가역적으로 그 상이 변하는 열가소성 고분자는 다시 크게 두 가지로 세분하여 생각할 수 있다.

하나는 규칙적인 구조를 전혀 가지지 않고 있는 **무정형**amorphous 고분자로서 폴리스타이렌, 폴리메틸메타아크릴레이트PMMA가 그 대표적인 예이다. 이 경우 일반적으로 **유리 전이 온도**glass transition temperature(T_g)라고 하는 온도가 있어 그 온도 이상에서만 고분자 사슬의 먼 거리 움직임이 일어날 수 있다.

다시 설명하자면, 열가소성 고분자를 가열하면 액상의 용융체가 되어 유동성이 크게 증가했다가 일정 온도 이하로 냉각되면 다시 고체화된다. 유리 전이 온도 이하에서는 고분자 사슬의 먼 거리 움직임은 멈추고 단지 아주 짧은 거리의 움직임만 가능하지만, 유리 전이 온도 이상에서는 고체 고분자라도 어느 정도 먼 거리 움직임이 있을 수 있다. 따라서 고분자를 **열처리**annealing하여 구조적 변화를 유도하기 위해서는 유리 전이 온도 이상으로 온도를 올려야 한다.

유리 전이 온도는 고분자의 화학 구조에 따라 많은 차이를 보인다.

폴리다이메틸실록세인polydimethylsiloxane, PDMS이라고 하는 탄성 고분자는 유리 전이 온도가 150 K(-123℃)로 상온보다도 아주 낮아서 상온에서 탄성체로 사용될 수 있다. 반면에 폴리벤조이미다졸polybenzimidazole, PBI이라고 하는 고강도 섬유는 유리 전이 온도가 600 K(327℃)로 아주 높아 내열성 고분자로 분류된다.

열가소성 수지의 다른 하나는 일정한 규칙적 구조를 가지는 결정성crystalline 고분자로서 폴리에틸렌, 폴리프로필렌이 대표적이다. 기본적으로 유연 주 사슬이 접힌 형태로 쌓이게 되어 결정 구조를 형성하는데 이런 결정화가 시작되는 온도를 결정화 온도(T_c)라고 한다. 유리 전이 온도뿐 아니라 이보다 높은 어떤 온도에서 규칙적 결정 구조가 허물어져 완전히 액체상으로 변하는 **용융 온도**crystalline amorphous transition temperature(T_m)도 존재한다.

용융 온도 또한 고분자의 화학 구조에 따라 현저한 차이를 보인다. 지방족 폴리아마이드인 폴리카프로락톤poly caprolactone의 용융 온도는 334 K로 아주 낮은 편이나 방향족 폴리아마이드aromatic polyamides는 675 K로 아주 높은 내열성 고분자이다. 보통 결정성 고분자는 유리 전이 온도도 같이 가지고 있으며 이들 사이에는 경험적으로 $T_g = \frac{2}{3}T_m$이라는 관계식이 성립한다.

10

고분자를 가열하면

고분자를 우리가 원하는 모양으로 가공하려면, 먼저 고분자를 용매에 녹여 고분자 용액을 만들거나 고분자를 가열해서 고분자 **용융체**melt를 만들어야 한다. 이 두 가지 경우를 합하여 고분자 유체라 한다. 열경화성 고분자에 비해 열가소성 고분자는 가열·냉각함에 따라 가역적으로 그 상태가 변화하기에 가공하기 아주 쉬운 소재라고 이미 언급하였다. 하지만 온도에 따른 부피 변화가 큰 편이어서 이에 유의해야 한다. 금속 등 다른 소재에 비하면 선 팽창 계수가 10배 이상이므로 다른 소재와 같이 사용되는 경우에 특히 신경 써야 한다.

일반적으로 유리섬유나 다른 섬유상 소재와 함께 **고분자 복합체**를 이루면 팽창 계수가 다소 개선되기도 한다. 온도에 따른 부피 변화가 비교적 작은 경우 일부 고분자는 **치수 안정성**dimensional stability이 좋다고 하며, 밀봉sealing이 중요한 밀폐 용기 재료나 변형이 적어야 하는 정교한 부품에 사용된다.

고분자를 가열하면 무정형 고분자의 경우에는 유리 전이 온도부터 고분자 사슬의 움직임이 생기고 이후에는 유동성이 계속 증가하게 된다. 반면에 결정성 고분자의 경우에는 유리 전이 온도 이후의 용융 온도에서 결정이 녹아서 액상화되고 그 이후 용융체가 되어 유동성이 크게 증가한다.

고분자 가공은 주로 용융 온도보다 조금 높은 온도에서 이루어진다. 고분자는 탄화수소 계열의 유기 소재로서 높은 온도에서 항상 적게나마 반응성을 가지고 있어 이런 반응을 최소화하는 것이 품질 관리 면에서 유리하기 때문이다. 결국 고분자를 가공할 때 높은 온도로 인하여 항상 수반되는 부반응을 어느 정도 미리 예상하고 이를 감안하여 가공 공정을 설계하여야 할 것이다.

어떤 경우에는 고상 중합이라 하여 용융 온도보다 훨씬 낮은 온도에서도 중합 반응을 추가적으로 유도하여 분자량을 증가시키기도 한다. 예를 들면 폴리에스터 계열의 고분자의 경우 고분자 간의 **상호 교환 에스터 반응**을 유도하여 분자량을 증가시킬 수 있다. 결론적으로 고분자는 유기 소재로, 가열 가공 시에는 항상 부반응의 가능성이 있으므로 이를 고려하여야 한다.

11

열적 물성 측정

고분자 물질의 열적 물성, 즉 특정 온도에서 불연속성을 보이는 1차 전이 현상인 **용융 온도**나 단지 변화의 기울기만 달라지는 2차 전이 현상인 **유리 전이 온도**를 알아보는 실험 방법은 다양하다. 제일 보편적인 방법으로는 온도를 변화시키면서 부피의 변화를 측정하는 팽창법 dilatometry, 온도 변화에 따른 열량 변화를 측정하는 시차 열량법 differential scanning calorimetry, DSC이 있다. 이외에도 굴절률을 측정하거나 핵자기공명 NMR 선폭 line width을 관찰하고, 복굴절 현상 birefringence 등을 온도의 함수로 측정할 수도 있다.

동적 기계법 dynamic mechanical analysis, DMA이나 **절연 특성 분석법** dielectric spectroscopy, DES과 같이 넓은 온도 범위에서 측정이 가능한 방법도 있다. 이들은 다른 방법에 비하여 낮은 온도에서도 측정할 수 있으므로 아주 유용하다. 그래서 이 DMA, DES 방법으로는 유리 전이 온도보다 더 낮은 온도에서 관찰되는 2차 완화 secondary relaxation 현상도 측정할 수 있다. 이외에도 연신법 tensile test, 응력완화법 stress relaxation 등의 정적, 기계적 유변 물성 측정 방법으로도 열적 전이 현상을 쉽게 관찰할 수 있다.

팽창법dilatometry으로 온도에 따른 부피 변화를 측정하는 과정을 간단하게 살펴보자. 먼저 적은 양의 고분자 시료를 밀봉된 유리벌브bulb에 넣고 부피를 잘 아는 유리관에 부착한다. 그리고 열팽창 계수를 알고 있는 수은mercury으로 벌브와 모세관 일부를 채운다. 이후 열적 평형을 유지하기 위하여 1～2 ℃/min 정도로 천천히 가열하면서 부피의 변화를 측정하면 된다. 열팽창 계수는 유리 전이 온도에서 불연속적으로 변하는데 유리 전이 온도 전후의 차이(Δα)가 대략 10^{-4} 정도이다. 심하Simha와 보이어Boyer에 의하면 이 차이는 유리 전이 온도에 대체적으로 반비례하는 것으로 알려져 있다. 즉 $\Delta\alpha \simeq 0.113/T_g$ (T_g in K)의 상관관계가 있다고 보고하였다.

열량법calorimetry으로 열적 물성을 측정하는 방법은 다음과 같다. 먼저 10～30 mg의 시료를 팬pan에 담는다. 다른 한편의 알루미늄 팬은 비워둔 채 일정 속도(예를 들어 1～100 ℃/min)로 가열하면서 양쪽 온도를 평형으로 같게 만드는 데 필요한 에너지의 차이differential power를 온도의 함수로 기록한다. 얻어진 열에너지 흐름을 이미 알려진 사파이어의 열용량(c_p)과 비교하여 고분자의 열용량 c_p를 얻어 낸다.

보통 $\Delta c_p \times T_g \simeq 115$ J/g=27.5 cal/g의 관계가 경험적으로 여러 고분자에서 비슷하게 얻어지고 있다. 실제로는 같은 단량체를 사용하더라도 중합 조건이 다르면 중합된 고분자는 다른 열적 물성을 나타낸다.

고분자 소재의 실제 사용에서는 유리 전이 온도나 용융 온도보다 더 현실적인 온도가 기준 온도로 많이 활용된다. 이름하여 **열변형 온도**heat distortion temperature, HDT이다. 이는 실용적으로 아주 중요한 물성으로 ASTM D648에 의하여 측정된다.[1] Heat deflection temperature(열굴절온도)라고도 부른다. 일반적으로 열변형 온도가 섭씨 100°C보다 낮으면 범용성 고분자로 분류하며, 이보다 높은 고분자를 기능성 고분자로 분류한다. 열변형 온도가 아주 높은 내열성 고분자 또는 **초내열성 고분자**도 많이 개발되어 사용되고 있다.

1 ASTM은 American Society for Testing and Materials(미국재료시험학회)의 약자이다. 여러 재료, 제품, 시스템 및 서비스의 기술 표준을 개발하고 있는 국제 표준 기구이다.

12

생분해성 고분자는 무정형

앞서 언급했듯이 고분자는 아주 큰 분자이며, 주로 탄화수소를 중심으로 하는 공유 결합으로 이루어져 있다. 따라서 가볍고 유연하며, 전기적으로는 절연성이 있고, 온도의 변화에 따라 액체와 고체상 사이에서 자유롭게 변환된다. 사실 사람들이 합성 고분자를 고안해내기 전부터 자연에는 많은 종류의 고분자가 존재하고 있었으며 특히 식물의 구조 물질, 에너지원 그리고 유전자를 이루는 물질들도 모두 고분자로 이루어져 있다.

제법 그럴싸한 공정과 촉매의 발명으로, 인간은 자연을 모방하여 합성 섬유, 합성 고무, 합성수지 등의 합성 고분자들을 저렴하게 대량생산하게 되었다. 그 결과 합성 고분자들은 종전까지 자연에서 얻어 왔던 **천연 고분자**를 대체하는 소재로 확실하게 자리매김하고 있다.

만일 합성 고분자인 나일론이나 폴리에스터가 없었다면, 더 넓은 목장과 농장에서 천연 고분자인 울, 실크, 면 등을 더 많이 생산해야 한다. 합성 고무를 발명하지 못했다면 더 많은 고무나무를 심어야 할 것이며 합성 플라스틱이 없다면 더 많은 목재 또는 금속 재료가 필요할 것이다. 그러나 70억이 넘는 인구가 모두 사용할 수 있는 분량을 자연에서 만들어내는 것은 불가능에 가깝다. 게다가 인류의 삶의 질이 향상되면 될수록 일상생활에서의 고분자 소비는 많이 늘어나기 마련이다.

이처럼 인구의 증가와 생활 수준의 향상에 따라 고분자의 소비는 점점 더 크게 증대되고 있다. 이에 따라 **미세플라스틱** 문제 등 고분자 폐기물에 대한 경각심 역시 한층 높아지고 있다.

고분자 폐기물을 위한 하나의 해결책으로서, 생분해성 고분자에 대한 논의와 연구가 아주 활발하다. 고분자가 생분해성을 가지는 경우는 세 가지 정도의 유형이 있다. 첫째로 미생물이 자신을 위하여 스스로 만들어내는 PHB 같은 생물 고분자는 생분해성이 높다. 두 번째로는 이들과 유사한 구조를 화학적으로 중합 생산하는 경우로서 생화학 고분자라 할 수 있는 폴리젖산poly lactic acid, PLA이나 폴리글리콜산poly glycollic acid, PGA이 있다. 마지막으로 생분해성 고분자와 범용 고분자의 블렌드(복합체)로서 생붕괴성을 가지는 경우이며, 그 예로는 폴리에틸렌/녹말 블렌드가 있다.

자연에서 합성된 천연 고분자는 그래도 약간의 생분해성을 가지고 있어 오래 지나면 썩어 흙으로 섞여 자연으로 돌아간다. 그러나 합성 고분자는 **생분해성**을 가지기가 아주 힘들다. 특히 강성이 높은 결정성 고분자는 전혀 생분해되지 않는다. 결국 미생물 등에 의하여 분해가 시작되기 위해서는 분자가 작은 단위로 쪼개져서 미생물이 침투할 수 있어야 한다. 결정성 고분자에는 작은 크기의 저분자 물질이 침투하기 매우 어렵기 때문에 분해되기 매우 어려운 것이다.

결정성 고분자에게 일반적으로 요구되는 물성은 자신의 모양을 유지하면서 늘 그 상태로 있는 것이다. 반면에 결정성이 없는 무정형 고분자의 경우에는 생분해성을 가질 수 있다. 무정형이기에 저분자화나 미생물의 침투가 용이하기 때문이다. 어느 정도 결정성이 있어 강성도 발휘하면서 적절한 무정형 부분이 있어 장기적으로 생분해성도 얻을 수 있다면 가장 좋을 것이다.

자연에서 만들어지는 고분자는 합성 고분자와는 달리 늘 어느 정도 생분해성을 가지고 있음은 순환의 원리일까? 오묘한 자연의 균형이 참으로 놀라울 따름이다.

13

생체적합 고분자

고분자가 생체 의료biomedical 용도로 활용되려면 우선 **생체적합성** biocompatibility을 가져야 한다. 생체적합성은 해당 고분자 표면에 흡착되는 플라즈마 단백질plasma proteins의 양에 의하여 결정된다. 친수성을 증가시키거나, 플라즈마 필름을 코팅하거나, 수용성 고분자를 가지에 붙이면 단백질의 흡착을 줄일 수 있다. 동시에 생분해성biodegradability을 가져야 하고 기계적 강도나 탄성률도 충분해야 한다.

PVC, PP, acrylics, PS 등을 가능한 한 불순물이 적은 순수한 형태로 중합하면 의료 목적으로 사용할 수 있다. 감마선 등을 쬐어서 살균한radiation sterilizable 규격의 PVC도 의료용으로 많이 이용한다.

신장 투석kidney dialysis은 혈액 속에서 염화 나트륨, 염화 칼슘, 요소urea, 크리아티닌creatinine이나 요산uric acid 같은 저분자량 물질을 효과적으로 제거해야 한다. 이와 동시에 생명에 필수적인 세포 입자나 플라즈마 단백질 같은 큰 분자는 반드시 유지시켜야 한다. 이를 위해 고분자 막을 개발하는 등의 분야는 생체 의료공학의 영역이라 할 것이다.

약물 방출 제어 분야도 그 활용 영역이 점점 넓어지고 있어 관심을 가질 만하다. 주입하고자 하는 약물의 농도를 약효가 있는 영역therapeutic range에서 일정 기간 유지시켜 주기 위하여 확산diffusion, 반응reaction, 또는 용매solvent 방식의 제어 방출controlled release 방법을 사용한다. 최근에는 표적 약물 전달site-directed drug delivery 방법도 고안되고 있다. 이런 기술은 지속성 비료라는 개념으로 농업에도 적용되고 있다.

약물을 품을 수 있는 덴드리머 같은 슈퍼 초분자 구조를 만들거나 가교된 수용성 젤hydrogel을 만들어서 온도나 pH, 농도 등의 변화에 따라 포함된 약물이 천천히 빠져나오도록 설계하여야 한다. 이 경우 상평형에 대한 이해가 선행되어야 한다.

사용의 편의성을 위하여 **패치형**으로 개발되어 인체에 주입하는 제품들이 많이 고안되어 있다. 금연 보조 패치가 한 예라 할 수 있다. 수술용 봉합사, 각종 치과용 재료뿐 아니라 인공 심장, 인공 심폐기, 인공 신장, 인공 혈관 같은 각종 인공 장기도 생체 기능 고분자로 개발되고 있다. 인구의 대폭적 증가와 고령화 사회의 진입으로 각종 의료기술의 수요가 급증하고 있으므로 이 분야는 앞으로 더 큰 발전을 이룰 것으로 기대된다.

인물 소개

헤르만 슈타우딩거

Hermann Staudinger, 1881~1965, 보름스 출생

독일의 화학자로, 다름슈타트대학교 · 뮌헨대학교 · 할레대학교에서 수학하였으며, 1903년 박사 학위를 취득하였다. 1912년 취리히공업대학교, 1926년 프라이부르크대학교의 교수가 되었다. 이때부터 고분자 화학 연구에 관심을 가져 500여 편의 보고서를 작성하기도 하였다.

그는 고분자 화합 물질의 구조가 긴 사슬 모양의 분자라는 것을 규명하였으나, 당시 학계에서는 받아들여지지 않았다. 이후 고분자 화학의 내용이 확립되면서 그의 업적 또한 인정되었으며, 고분자 화학을 창시한 공적으로 1953년에 노벨 화학상을 받았다. 그의 저서로는 『Anleitung zur organischen qualitativen Analyse』(1948) 등이 있다.

2부

고분자와 분자량

01

고분자의 크기와 분자량

고분자는 분자량이 아주 크며, 분자량의 분포가 매우 넓다는 점에서 다른 화합물과 많은 차이점을 보인다. 고분자는 분자량이 커질수록 일반적인 물성이 그 응용에 적합해진다. 낮은 분자량에서는 성질의 변화가 큰폭으로 이루어지다가 점점 분자량이 커지면 그 차이가 작아지는데, 실제 사용에 적절한 분자량을 가지도록 중합할 필요가 있다. 분자량을 무턱대고 올릴 수만은 없는데, 큰 노력과 비용이 필요할 뿐 아니라 분자량 상승에 따라 점도 상승 폭이 증가하여 가공이 점점 어려워지기 때문이다.

그러면 고분자의 분자량은 어떻게 알아볼 수 있을까? 분자량이 일정하지 않고 그 분포가 있다면 분자량의 기준은 무엇일까? 분자량은 다른 물성과 마찬가지로 **평균값**과 그 **분산도**를 정의하여 이해하여야 한다.

먼저 **수 평균 분자량**은 분자 수대로 분자량을 다 더해서 총 분자 수로 나눈 분자량으로 정의한다. 즉, 이는 일반적인 산술평균 분자량이다. 다음으로 분자량이 큰 분자의 기여도를 고려해서 분자량으로 한

번 가중한 평균값은 **중량 평균 분자량**이 된다. 두 번 가중하게 되면 **Z 평균 분자량**이 계산된다.

예를 들어 분자량 10만인 고분자 두 분자와 분자량이 20만 되는 고분자 세 분자가 있는 경우를 생각해 보자. 수 평균 분자량은 (10×2+20×3)/(2+3)=16만으로 쉽게 계산된다. 하지만 중량 평균 분자량은 (10×10×2+20×20×3)/(10×2+20×3)=17.5만으로 수 평균 분자량보다 조금 더 큰 값이 된다. Z 평균 분자량은 (10×10×10×2+20×20×20×3)/(10×10×2+20×20×3)=18.6만이 된다.

Z 평균 분자량이 가장 크고, 다음은 중량 평균 분자량으로 항상 수 평균 분자량보다 크다. 플로리 교수가 제안한 가장 보편적 분자량 분포most probable distribution에 따르면 중량 평균 분자량은 수 평균 분자량의 대략 2배 정도로 나타난다. 중량 평균 분자량을 수 평균 분자량으로 나눈 값을 **분산도 지수**polydispersity index, PDI라 한다. 이전의 예의 경우 분산도 지수는 17.5/16=1.1인 셈이다. 그러면 이런 분자량은 실제로 어떻게 측정될까?

수 평균 분자량(M_n)은 삼투압법osmometry으로 측정할 수 있다. 중량 평균 분자량(M_w)은 광산란법light scattering으로, 그리고 Z 평균 분자량(M_z)은 침전법Sedimentation으로 각각 측정할 수 있다. 이런 방법들은 일차적인 방법이며, 분자량을 상당히 정확하게 직접 측정할 수 있다. 그러나 시간이 많이 소요된다는 단점이 있다.

분자량을 직접 측정하는 방법과는 달리 표준 시료와의 비교를 통하여 분자량을 알아볼 수 있는 이차적인 방법도 있다. 젤 투과 크로마토그래피gel permeation chromatography, GPC, 크기 배제 크로마토그래피size exclusion chromatography, SEC가 있으며 고유 점도intrinsic viscosity를 측정하여 **점도 평균 분자량**(M_v)을 계산할 수도 있다. 고분자의 실제 가공에서 고분자들이 서로 체감하는 분자량은 중량 평균 분자량 또는 점도 평균 분자량이다. 일반적으로 $M_n < M_v < M_w < M_z$으로 그 크기에 순서가 있다.

고분자의 분자량이 실제 물성에 끼치는 영향을 알아보려면 최소한 두 가지 정보가 있어야 한다. 이는 수 평균 분자량과 중량 평균 분자량, 또는 중량 분자량과 분산도 지수라 할 수 있다. GPC를 제외한 다른 방법은 모두 하나의 평균 분자량에 대한 정보만 제공한다. 반면에 고분자 용액의 흐름 복굴절 현상은 자연스럽게 복굴절과 배향각이라고 하는 두 가지 정보를 측정한다. 이를 분자론적 해석으로 분자량 분포와 연결해 보면 유연 또는 막대 고분자 사슬 모델의 경우에서 각각 다른 관련 식을 만들 수 있다. 다시 말하면 한번 실험으로 자연스럽게 두 가지 정보를 동시에 얻을 수 있는 새로운 실험법인 셈이다.[1 2]

1 Y.R. Oh, M.H. Kwon, OO. Park, "Determination of Molecular Weight and Its Distribution of Flexible Chain Polymer by Phase-modulated Flow Birefringence Technique", *Korean Journal of Chemical Engineering*, Vol.19, No.2, 2002, pp.331-336.

2 Y.R. Oh, Y.S. Lee, M.H. Kwon, OO. Park, "Determination of Molecular Weight and Its Distribution of Rigid Rod Polymer by Phase-Modulated Flow Birefringence", *Journal of Polymer Science Part B: Polymer Physics*, Vol.38, No.4,

02

친구 수 패러독스

앞에서 설명하였듯이, 고분자가 다른 저분자 물질과 구별되는 이유는 분자량 자체가 아주 클 뿐 아니라 분자량에 분포가 있다는 점이다. 이때 평균 분자량을 정의하는 것은 아주 중요하다. 고분자 분자량에는 수 평균 분자량과 중량 평균 분자량 등 여러 종류의 평균이 존재한다. 이렇게 다른 종류의 분자량을 정의하여 사용하는 이유는 무엇일까? 이를 이해하기 위한 비유로서 **친구 수 패러독스**friendship paradox를 들 수 있다.

이 패러독스는 1991년 사회학자 **스코트 펠트**Scott L. Feld가 처음으로 설명한 것으로, "내 친구의 수보다 내 친구의 친구 수가 항상 더 많다"는 얼른 보기에는 이해하기 힘든 재미있는 이야기이다. 하지만 이는 고분자를 공부한 사람이라면 아마도 금방 이해할 수 있을 것이다. 이는 한마디로 체감 친구 수 문제라고 할 수 있다. 내가 친구를 떠올릴 때는 친구가 많은 친구가 먼저 떠오른다. 즉, 친구의 친구 수가 항상 내 친구의 수보다 많아 보이는 것이다.

비슷한 예로서 10명이 수강하는 강좌와 90명이 수강하는 강좌가 있다고 할 때, 평균 수강생은 몇 명인가? 강좌를 준비하는 측에서 보면 여러 준비물 등을 고려해볼 때 당연히 강좌당 50명인 강좌가 둘 있는 셈이다((10+90)/2=50). 담당 교수에게 수강생이 얼마인지 물어보면 같은 답을 얻을 수 있다. 하지만 수강생에게 물어보면 답은 전혀 다르게 나온다. 10명 강좌의 수강생은 각각 10명이 자신의 반 수강생이라 답할 것이다. 90명 강좌의 수강생은 각각 90명이 수강생이라 답한다. 결국 체감하는 수강생 수의 평균은 (10×10+90×90)/(10+90)=82명이 되는 것이다.

고분자에서는 분자량이 다른 여러 분자가 같이 섞여 있기 때문에, 그 평균 분자량을 정의할 때 이와 비슷한 일이 일어난다. 분자량이 10만인 고분자와 90만인 고분자가 한 분자씩 있을 때, 전체 분자 수를 고려하면 평균 분자량은 50만이 된다. 즉, 분자량 50만인 고분자가 둘 있는 것과 같다. 이것이 수 평균 분자량이며, 분자의 수를 기준으로 본 것이다. 반면에 각 분자의 부분이 느끼는 분자의 크기를 생각하면 작은 분자는 자신이 작다고 느끼고 큰 분자는 자신이 크다고 느낀다.

수강생이 10명인 반

학생 1	수강생은 10명이야.
학생 2	수강생은 10명이야.
학생 3	수강생은 10명이야.
…	…
학생 10	수강생은 10명이야.

체감 수강생 수: 10×10 = 100명

수강생이 90명인 반

학생 1	수강생은 90명이야.
학생 2	수강생은 90명이야.
학생 3	수강생은 90명이야.
…	…
학생 90	수강생은 90명이야.

체감 수강생 수: 90×90 = 8100명

체감 수강생 수 평균: (100+8100)/100=82명

따라서 그 체감하는 평균적 크기는 82만이 된다. 이것이 중량 평균 분자량이며, 실제 가공 조건에서 물성에 관여하는 체감 분자량인 셈이다. 고분자 가공에서는 실제 고분자 분자가 느끼는 분위기가 가공 조건에 직결된다고 이야기할 수 있다.

이처럼 고분자에서 정의되는 중량 평균 분자량은 친구 수의 패러독스를 기막히게 잘 설명하고 있다. 사회과학적 개념이 자연과학 안에서도 의미 있게 사용되는 것이다. 결국 사회과학과 자연과학이 하나로 통하는 통섭統攝의 장이 마련되었다고도 할 수 있다.

03

고분자의 크기와 브라운 운동

고분자는 아주 큰 분자이므로 그 크기를 알아보는 것이 매우 중요하다. 처음에는 이런 큰 분자가 존재하는 것을 믿지 않았고 여러 분자가 응집하여 큰 덩어리를 이루는 것으로 생각했다. 하지만 독일의 화학자 헤르만 슈디우딩기Hermann Staudinger는 고분자기 긴 시슬을 기진 거대 분자라고 주장하였고 이를 뒷받침하는 여러 실험적 관찰 연구를 통하여 그 증거를 제시하였다. 마침내 학계에서도 그의 주장을 인정하여 이론으로 정립되었고 이런 공로로 슈타우딩거는 1953년에 노벨 화학상을 받았다.

긴 사슬 형태로 연결되는 큰 분자의 크기는 분자가 커짐에 따라서 어떻게 변화될까? 만일 1차원적인 직선 구조의 분자라면 분자의 크기는 곧 그 길이가 된다. 이 길이는 분자가 커짐에 따라 비례해서 증가하게 될 것이다.

하지만 일반적인 유연 사슬 고분자, 예를 들면 폴리에틸렌, 폴리프로필렌 같은 범용 고분자는 그 구조가 아주 유연하여 긴 사슬이 코일과 같은 꼬인 구조를 가진다. 따라서 그 길이는 분자량의 제곱근에 비례하는 정도로 증가하게 되며, 분자가 차지하는 부피는 길이의 세제곱이므로 대체적으로 분자량의 1.5 제곱에 비례하게 된다.

다시 말해 분자량이 100만인 분자는 10만인 분자보다 10배가 아니라 약 3.3배($\sqrt{10}$배)로 길다는 뜻이다. 물론 질량은 당연히 10배일 것이지만 차지하는 부피는 대략 33배($10^{1.5}$배) 정도가 될 것이니 밀도는 점점 낮아진다. 이는 마치 브라운 입자가 불규칙적 운동에 의하여 퍼져나가는 양태가 시간의 제곱근에 따라 확산되는 형태와 아주 유사하다고 할 수 있다.

고분자의 이런 유연성은 우리 생명체의 유전정보를 가지고 있는 고분자 DNA에서도 찾아볼 수 있다. DNA는 많은 유전정보를 가지고 있는 하나의 아주 큰 분자이지만, 그 유연성으로 인해 차곡차곡 접혀 세포 속에 잘 보관될 수 있다. 이를 통하여 개체는 생명의 신비를 후대에 잘 전달할 수 있는 것이다.

이런 일이 가능한 것은 바로 고분자가 유연하기 때문이니, 이 얼마나 고마운 일인가?

◀ 유연 고분자의 코일 형상

04

고유 점도와 분자량

고분자를 용매에 녹이면 고분자 용액의 점도가 올라가게 된다. 이때 고분자 사슬 주위를 용매 분자들이 자유롭게 지날 수 있다면(즉, free draining의 경우), 용매 분자들의 흐름에 의해 고분자 사슬이 받는 마찰력은 고분자 사슬 길이에 비례할 것이다. 반면에 용매 분자가 코일 형태로 모여 있는 고분자 사슬 내부를 잘 통과하지 못하고 다만 주위로만 지난다고 하면(즉, non-draining의 경우), 마찰력은 고분자 사슬의 외형적 크기에 의존할 것이므로 분자의 크기, 즉 분자량 의존성이 현저히 다르다.

이제 여러 고분자가 존재하는 경우 그 부피 분율에 따른 고분자 용액의 점도 변화를 스톡스-아인슈타인Stokes-Einstein 이론으로 예측해 보자(non-draining의 경우). 희석 용액의 점도 μ는 입자의 부피 분율 ϕ_2에 따라 $\mu = \mu_0(1+2.5\phi_2)$로 직선적으로 증가한다. 부피 분율은 농도와의 관계식 $\phi_2 = (c/M) \times (N_A V_h)$에 의하여 고분자 입자의 수력학적 부피hydrodynamic volume, V_h에 직접 관련된다. 이를 이용하면 고유 점도는 그 정의에 따라 다음과 같이 얻을 수 있다.

$$[\mu] = \lim_{c \to 0} \frac{1}{c}(\frac{\mu}{\mu_0} - 1) = \frac{5}{2}\frac{N_A V_h}{M}$$

여기서 c는 고분자의 농도이며 M은 분자량, N_A는 아보가드로 수이다.

고분자의 투입으로 증가하는 희석 고분자 용액의 점도 변화는 고유 점도intrinsic viscosity로 계산할 수 있다. 이는 고분자의 수력학적 부피가 팬텀 사슬 고분자의 경우 분자량의 1.5 제곱에 비례하므로(고분자의 대체적인 길이는 분자량의 0.5 제곱에 비례한다) 고유 점도는 결국 분자량의 0.5 제곱에 의존할 것이다. 일반적으로 고유 점도의 분자량 의존성은 이와 비슷하게 마크-후윙크-사키라다Mark-Houwink-Sakirada 식에 의하여 다음과 같다.

$$[\mu] = KM^{a}$$

세타(theta) 조건에서는 a = 0.5이지만 보통의 경우에는 a 값이 0.6에서 0.8 정도의 값을 가지는 것으로 밝혀졌다.

고분자 용액의 점도는 모세관 점도계를 사용하여 아주 간단하게 측정할 수 있다. 이를 통해 고유 점도를 구한 뒤, 점도 평균 분자량을 계산할 수 있다. 점도 평균 분자량은 고분자 가공에서 유용한 분자량으로, 중량 평균 분자량 대신으로 편리하게 사용하고 있다. 이는 광산란법 등으로 얻어지는 중량 평균 분자량의 측정보다 훨씬 간편한 방법이므로 산업계에서 잘 활용될 수 있다.

05

용해도 지수

고분자 혼합계의 열역학을 설명할 때는 플로리 교수가 제안한 용매 상호 작용 계수interaction parameter(χ_{12})가 잘 활용되고 있다. 하지만 상호 작용 계수를 측정하는 일이 그리 쉽지만은 않다. 하여 이를 대신하여 용해도 지수solubility parameters를 정의하여 고분자를 혼합할 때의 상관관계를 알아보기도 한다. 이는 아주 오래된 유용한 방법이다. 용해도 지수는 원래 페인트 산업이나 코팅 공정에서 적절한 용매를 선정하는 기준으로 고안된 것으로 산업계에서 널리 활용되고 있다.

극성이 없고 서로 결합하지 않는 단순 액체의 혼합 엔탈피에 대한 이론을 1950년 힐데브란트Hildebrand와 스콧Scott이 극성 용매나 고분자까지 확장하여 다음과 같이 제안하였다.

$$\Delta H_m = \mathrm{V}[\sqrt{\frac{\Delta E_1}{V_1}} - \sqrt{\frac{\Delta E_2}{V_2}}]^2 \ \phi_1 \phi_2$$

V: 혼합물의 부피

ΔE_i, V_i, ϕ_i: 기화 에너지, 몰 부피, 부피 분율

즉, 두 화합물의 혼합 엔탈피는 각 화합물의 기화 에너지와 몰분율에 따라 결정된다는 것이다. 여기서 각 성분의 기화 에너지 항을 용해도 지수(δ_i)로 다음과 같이 정의한다.

$$\delta_i = \sqrt{E_i^{coh}} = \sqrt{\frac{\Delta E_i^v}{V_i}} \left(\frac{cal}{cm^3}\right)^{1/2} \text{ or } (MPa)^{1/2}$$

E_i^{coh}: 결합 에너지 밀도
ΔE_i^V: 순수 액체의 몰당 기화 에너지

따라서 두 화합물의 용해도 지수가 비슷해야 혼합 엔탈피가 최소화된다. 결과적으로는 혼합 깁스 자유에너지가 작아져 상용성이 높아지므로 서로 잘 섞인다.

실제 고분자의 기화 에너지는 직접 측정할 수 없으므로 고분자 구성 성분의 개별적 기여도group-contribution를 합하여 용해도 지수를 추정할 수 있다. 아니면 고분자를 여러 종류의 용매에 녹인 뒤, 최대의 팽윤을 보이는 용매의 용해도 지수를 고분자의 용해도 지수로 취급하기도 한다.

06

유연 고분자

긴 선형 사슬의 고분자가 **유연성**flexibility을 가지게 되는 이유는 무엇일까? 한 마디로 이야기해서 긴 길이 때문에 선형 구조linear structure를 가지는 것이다. 고분자는 주로 탄소와 탄소 사이의 단일 **공유 결합**으로 이루어진다. 공유 결합은 서로 일정 각도로 회전할 수 있으므로 크게 보면 코일 구조를 가지게 된다. 심지어 DNA처럼 이중 나선 구조를 가지는 경우에도 큰 길이 때문에 다소 경직된 구조를 보이긴 하지만, 벌레 같은 실worm-like thread 모양으로 차곡차곡 채인 모양을 가질 수 있다. 그래서 유전정보를 많이 가진 아주 긴 분자가 작은 세포 속에서 잘 보관될 수 있는 것이다.

이런 모습은 간단한 이론, 즉 소위 이상적 모델로서 자유 결합 사슬freely jointed chain 또는 **팬텀 사슬**phantom chain로 묘사된다. 이는 일정 길이의 막대가 자유롭게 회전할 수 있는 연결점을 가지는 모델로, 실제 상황과는 다소 거리가 멀지만 그래도 아주 유용하다고 할 수 있다. 이 모델에 따르면 코일 구조 분자의 길이는 대체로 분자량의 제곱근에 비례한다. 따라서 코일 구조의 고분자의 대체적 크기는 분자량이 100

배 증가할 때마다 10배 정도만 증가하게 되는 것이다.

물론 선형 고분자 이외에도 환상cyclic, 곁가지 형branched, 망상network 구조를 가지는 경우를 상상할 수 있지만, 직선 구조가 제일 간단하므로 기본이 된다. 고분자 주 사슬의 길이가 충분히 길어지면 사슬이 아주 유연해지고 결국 전체적으로 코일 상태의 구조가 된다.

몇몇 단량체들이 연결되어 있는 짧은 사슬은 결합각bond angle이 1~10° 정도인 점을 고려하면 상당히 곧은 직선 모양의 모양이 될 것으로 추정된다. 하지만 충분히 많은 단량체가 연결되어 있다면 전체적으로는 긴 사슬은 혼란스러운 코일chaotic coil 형상을 가지게 된다. 이런 고분자 사슬의 입체 형태conformation은 시시각각으로 변하지만, 대체적인 모양은 비슷하게 유지된다. 고분자 사슬의 유연성으로 인해 고분자 용융체에서나 고분자 용액에서의 입체 형태가 유사한 것으로 알려져 있다.

07

사슬 엉킴

유연한 고분자 사슬은 기본적으로 긴 불규칙적 코일 같은 모양을 보인다. 그러다가 분자량이 어느 임계값보다 커지면 한 고분자 사슬과 다른 고분자 사슬 간의 **사슬 엉킴**entanglements 현상이 나타난다. 이는 분자량의 변화에 따른 용융 점도의 변화를 관찰하면 금방 알 수 있다.

일정 분자량 이상이 되면, 분자량 변화에 따른 용융 점도의 증가가 엄청나게 빨라지는 것을 관찰할 수 있다. 이런 엉킴 현상은 용융 상태에서의 점탄성뿐 아니라 고형화 이후에서의 여러 가지 기계적 물성,

▲ 고분자의 분자량이 임계값을 넘어가면 사슬들은 서로 엉켜 점도가 급격히 상승한다.

즉 응력 완화stress relaxation, 크리프creep, 크레이즈craze 형성에 의한 파괴 등과도 밀접하게 연관되어 있다. 이런 엉킴 현상을 일으키는 임계 분자량 M_c는 고분자 종류마다 그 고분자 사슬의 유연성flexibility의 차이로 인해 구별되는 값을 가진다.

상업적으로 활용되는 고분자는, 그 분자량이 이미 임계 분자량보다 높아서 사슬 엉킴이 발생한 상태이다. 상당히 유연한 PS는 임계 분자량이 $M_c = 31,000$으로 높은 편이며, 일반적으로는 분자량이 100,000~400,000인 PS를 사용한다. 상대적으로 딱딱한 고분자인 PC는 방향족 고분자로, 실제 엉킴 분자량이 $M_c = 4800$이다. 즉, 아주 적은 분자량에서도 엉킴이 일어나므로 실제로는 분자량이 약 30,000 정도로 낮은 고분자를 사용하는 편이다.

프랑스의 드 잔de Gennes, 일본의 도이M. Doi 그리고 영국의 에드워드Edward에 의하여 **뱀운동 이론**reptation theory이 고안되었다. 유연한 고분자 사슬이 많이 공존할 때, 한 사슬만 집중적으로 관찰해보면 뱀의 움직임snake like motion과 같이 거동한다는 것이다. 즉, 많은 엉킴에 의한 방해로 사슬이 움직일 수 있는 방향은 가상적인 튜브 내에 있다.

낮은 전단 변형률에서 용융체의 점도를 측정하면, 낮은 분자량 영역과 높은 분자량 영역에서 전혀 다른 분자량 의존성을 보인다. 즉 임계 분자량보다 낮은 고분자의 용융 점도는 분자량에 비례하지만, 임계 분자량보다 높으면 엉킴 현상으로 **분자량의 3.4 제곱**에 비례하도록 용융 점도가 급격히 증가한다. 따라서 분자량이 커지면 물성은 보통 향상되지만, 가공이 점점 어려워지므로 분자량을 너무 늘린다고 좋은 일만은 아니다. 과유불급의 원리를 고분자에서도 찾아볼 수 있는 것이다.

08

고분자는 어떻게 흐르는가?

고분자 용융체나 고분자 용액은 일반적인 저분자 유체에서 보이는 점성 거동뿐만 아니라 탄성 거동까지 함께 나타낸다. 따라서 고분자 소재를 가공해서 원하는 부품을 효과적으로 만들려면 반드시 고분자 소재의 점탄성viscoelasticity을 고려하여야 한다.

고분자 가공에서는 점도viscosity 자체도 매우 중요하다. 주로 흐름의 속도 분포를 결정하는 데 필수적이기 때문이다. 따라서 점도에 대해 먼저 충분히 고려해야 한다. 유체는 흐르면서 변형이 생겨나고 특히 고분자 유체의 경우에는 그 변화가 아주 복잡하여 매우 흥미를 끈다. 흐름과 변형에 대한 학문을 유변학rheology이라고 한다. 대부분의 학회는 영국 등 유럽에서 시작했지만, 유변학회는 1928년 미국에서 시작되었다. 따라서 미국 유변학회라는 이름 대신 그냥 유변학회라고 칭한다. 그 이후 정확히 60년이 지난 1988년에 우리나라에서도 서울대학교 김상용, 이기준 교수의 주도로 한국유변학회가 결성되었다.

고분자 용융체나 진한 고분자 용액의 거동이 저분자 유체와는 전혀 다른 양상을 보이는 것은 전적으로 높은 분자량과 그 넓은 분포에 기인한다. 분자량이 높아서 고분자 사슬 자체가 길고 서로 꼬이기도 하며, 흐름에 따라 그 배향이 바뀌기도 하고 연신 정도가 달라지기도 한다. 이런 변화 때문에 흐름의 세기나 흐름의 종류에 따라 다른 거동을 보이는 것이다.

보통 저분자 유체는 뉴턴 점도를 가지면서 약간의 온도 의존성만 있고 변형률 의존성은 없다. 그러나 고분자 유체의 점도는 높은 온도 의존성과 더불어 심한 **전단 묽어짐 현상**shear thinning을 보인다. 전단 묽어짐 현상이란 전단 변형률이 커짐에 따라 점도가 지수함수적으로 급격히 떨어지는 현상이다. 이는 비뉴턴 점성 유체 특성과 더불어 점탄성 거동으로 설명해야 한다. 전단 묽어짐 현상은 실제 가공에 있어서 현실적으로 아주 큰 도움을 주는 현상이다. 그만큼 적은 에너지만으로도 고분자 가공이 가능해지기 때문이다. 온도가 올라가면 점도가 많이 줄어들게 되는데 이런 심한 온도 의존성도 가공 온도 범위만 보장된다면 아주 반가운 일이다.

유변 물성 측정법rheometry이란 잘 정의된 흐름 속에서 재료의 유변 물성을 측정할 수 있게 고안된 방법을 일컫는다. 이 실험 결과가 가공 공정 조건을 결정하는 데 아주 요긴한 자료가 될 것이다. 전단 변형이 지배적인 공정이면 전단 점도가 중요하며, 팽창 성형blow molding, 섬유 방사fiber spinning처럼 연신 변형이 중요한 공정에서는 연신 점도를 알아야 한다.

실제적 **점성 유체의 흐름**은 일반적으로 전단 흐름과 연신 흐름으로 구별한다. 사실 이론적으로는 회전 흐름과 연신 흐름으로 구별하고 흐름에서의 연신 흐름의 정도를 나타내는 **흐름 수**로 구별한다. 순수

연신 흐름(흐름 수 1)과 순수 회전 흐름(흐름 수 0)의 사이에 있는 단순 **전단 흐름**의 경우는 흐름 수 1/2에 해당한다.

고분자 가공 공정에서는 전단 흐름은 주로 압출, 사출 코팅, 압연calendering 등에서 주로 나타난다. 연신 흐름은 방사spinning, 중공 성형blow molding, 필름 블로잉film blowing 공정 등에서 나타난다. 전단 흐름은 다시 압력 강하에 의하여 흐름이 생겨나는 경우(pressure driven Poiseuille flow)와 속도에 의하여 생겨나는 경우(velocity driven Couette Flow)로 나눌 수 있다.

어느 경우든지 흐름을 구체적으로 알아보기 위해서는 응력과 속도 기울기 내지 변형률의 상관관계식인 **구성방정식**constitutive equation을 먼저 규정해야 한다. 이는 연속체 가정contininium hypothesis에 기반한 유체역학에서 유체를 이루는 분자들의 운동을 평균적으로 취급하면서 오는 불가피한 선행 기본 규정이다. 그러나 저분자 유체와 고분자 유체는 전혀 다른 거동을 보인다는 점에서 근본적으로 다른 구성방정식을 요구하고 있다.

09

MI 그리고 모세관 점도계

잘 정의된 흐름장 속에서 유체의 변형률과 응력의 상관관계를 실험적으로 측정하는 것이 유변 물성 측정법의 골자이다. 실제 사용되는 방법 중에서 가장 간단한 것은 **MI 측정기**melt flow indexer이다. 산업계에서 잘 정의된 생산 공정의 품질 관리를 위하여 사용되는 가장 간편한 방법은 다음과 같다. 먼저 Ram 형 압출기에서 10분 동안 통과한 고분자의 무게를 MImelt index 또는 MFImelt flow index로 정의한다. 이 지수는 고분자의 크기(분자량)를 가늠하는 지표로 활용하며, 이 값이 작으면 분자량이 큰 것으로, 크다면 분자량이 작은 것으로 이해하면 된다.

MI는 이론적으로 아주 정확하다고는 할 수는 없지만 측정이 간편하므로 고분자 소재의 흐름 특성을 설명할 때 활용되기도 한다. 학문적 자료로 사용하기에는 다소의 어려움이 있다. 고분자 물질의 점도는 그 기본 특성상 전단 변형률에 따라 심하게 변하므로 MI는 한마디로 한 포인트 점도에 해당된다. 따라서 고분자 물질의 생산 활용 과정에서 작은 변화를 감지하는 정도의 품질 관리 지표로만 활용해야 할 것이다.

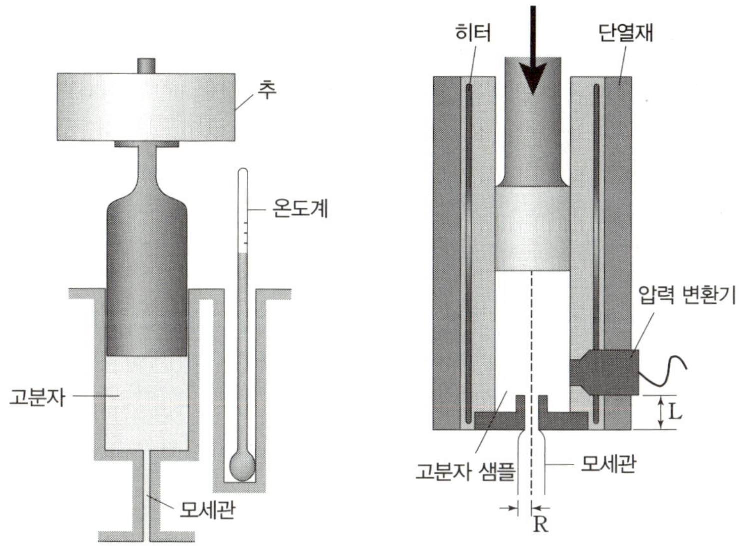

▲ MI 측정기(왼쪽)와 모세관 점도계(오른쪽)의 모식도

고분자 용액의 점도를 측정하는 데 가장 보편적인 방법은 **모세관 점도계**capillary viscometer를 사용하는 것이다. 압력에 의한 전단 흐름을 잘 정의된 관 속을 흐르게 하여 유변 물성을 측정한다.

공기와의 접촉은 없으므로 표면장력은 고려하지 않아도 된다. 보통 $1 \sim 10^5$/s 정도의 전단 변형률에서 측정되며 특히 10/s 이상의 높은 전단 변형률에서는 긴 모세관을 사용한다. 모세관 속에 형성되는 직선적 압력 분포를 이용하면 관 벽에서의 응력은

$$\tau_w = \frac{R(P_0 - P_L)}{2L}$$

가 될 것이다. 하지만 실제 상황에서는 그림에서 보다시피 초기 입구

의 영향을 반드시 고려하여야 한다.

지금까지 설명한 모세관 점도계는 여러 온도에서 고분자 용융체를 실험할 수 있는 경우에 사용한다. 만일 상온에서 고분자 용액의 점도를 간단하게 측정하고자 한다면, 훨씬 다루기 쉬운 유리관형 모세관 점도계를 사용할 수 있다.

뉴턴 유체의 경우 관 벽에 작용하는 전단율은 총 유량을 측정하여 계산할 수 있다. 즉

$$\dot{\gamma}_w = \frac{4Q}{\pi R^3} \qquad \mu = \frac{\tau_w}{\dot{\gamma}_w}$$

로 주어지는데 이들 관계에서 점도를 계산할 수 있다. 고분자 유체의 경우는 비뉴턴 유체의 특성을 보이므로 좀 더 전문적 유변학 논의를 통한 심화된 검토가 필요하다.

10

데보라 수

고분자 용융체의 흐름은 단순한 점성 모델로 설명하지 못하는 경우가 많다. 예를 들어 고분자 용융체를 압출하여 좁은 다이를 통해 빠져나오는 경우를 생각해 보자.

이때는 수직 응력 차이의 존재와 탄성적 거동으로 인하여 흔히 **용융체 팽윤**extrudate swell 현상을 보인다. 이를 다이 팽윤die swell이라고도 표현하지만, 올바른 표현은 아니다. 좀 더 고속으로 압출기를 운전하게 되면 압출물의 표면이 아주 거칠어지다가 심지어 불규칙적 모양을 보이게 되는 **불안정성**instability이 나타난다. 불안정성은 고분자 소재의 물성을 조정하여 개선하거나 공정의 변화를 통해 해결할 수도 있다.[1]

이런 경우 점성 모델을 사용할 것인지 아니면 더 복잡한 점탄성 모델을 도입해야 하는지를 알아보기 위한 수단으로 데보라 수Deborah

1 Y.S. Lee, OO. Park, "The Effect of Asymmetries of Die Exit Geometry on Extrudate Swell and Melt Fracture", *Korean Journal of Chemical Engineering*, Vol.11, No.1, 1994, pp.1-7.

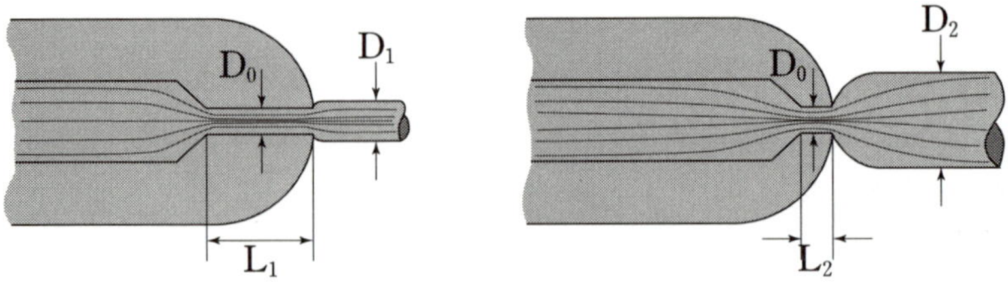

▲ 용융체 팽윤 현상

number를 검토해야 한다. 데보라 수(De)는 고분자 소재의 완화 시간을 가공 공정의 시간 크기로 나눈 무차원 수로 정의된다.

$$De = \frac{\lambda}{t_p} \quad (\lambda: \text{완화 시간} \ \ t_p: \text{공정 시간})$$

이때 데보라 수가 큰 경우에는 당연히 점탄성 모델을 도입하여야 한다.

용융 파괴melt fracture나 **상어 표피**sharkskin 현상 이외에도 고분자 유체의 흐름 거동에서 아주 특이한 현상들이 일어난다. 그 하나가 항력 감소drag reduction 현상이다. 유체를 수송할 때는 한 곳에서 다른 곳으로 압력 차이에 의한 흐름을 만들게 된다. 그런데 유체에 고분자를 소량 첨가하면 높은 속도에서 고분자 사슬들이 연신하여 유체 흐름에 따른 마찰력을 다소 감소시켜주고, 따라서 현저히 낮은 압력 차이로도 수송할 수 있게 된다. 이는 원유 수송에 활용되는 현상이다.

소방용 호스에서 나오는 물을 화재 현장에 분사할 때 수용성 고분자를 조금 첨가하면 물이 훨씬 멀리까지 도달한다. 이를 **제트 안정성**jet stability이 향상되었다고 한다. 튜브 없는 사이펀tubeless siphon이라는 현상도 수직 응력 차이의 존재를 알려주는 재미있는 실험이다. 이외에도 Rod climbing 현상, Convex surface in a tilted through, Elastic recoil 등은 고분자 유체에서만 나타나는 특이한 흐름 현상이다. 고분자 유체의 경우 이런 특이한 현상들이 있기에 유변학적으로 특별한 구성방정식을 정의할 필요가 있는 것이다.

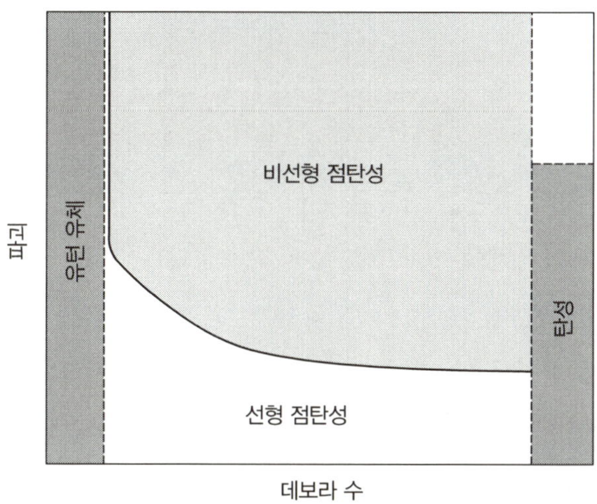

▲ 용융 파괴로 나타나는 상어 표피 현상(위)과 데보라 수(아래)

11

고분자 용융체의 점탄성

고분자 용액과 고분자 용융체를 통칭하여 고분자 유체라고 한다. 고분자 유체의 흐름 양상은 일반적인 저분자 유체를 지배하는 **뉴턴의 법칙**Newton's law과는 아주 판이하다. 특히 고분자량의 고분자 소재는 유리 전이 온도보다 높은 온도에서 탄성 고체와 점성 액체의 성질을 동시에 가지는데 변형의 크기나 속도에 따라 그 점탄성 성질이 변한다. 아주 낮은 유리 전이 온도를 가지는 실리콘 고무silicon rubber는 흔히 silly putty라 하여 상온에서 튀겨 보면 아주 탄성적으로 튀어 오르내리지만 오래 가만히 제자리에 두면 점성으로 인하여 점점 평평flat해진다.

이런 고분자의 점탄성 거동은 유리 전이 온도 이상의 고체상에서는 물론 고분자 용융체에서나 고분자 용액에서도 관찰할 수 있으며, 결국 응력 또는 변형을 가하는 속도와 시간 그리고 응력 또는 변형을 가해주는 전체 시간 등에 따라 다른 값을 보인다. 경험적 모델로, 고분자는 탄성체에 대한 **훅의 법칙**Hook's law을 따르는 스프링spring과 점성체에 대한 뉴턴의 법칙을 따르는 대시파트dashpot의 이중 성질을 가지고 있는 것으로 모델링한다. 이것은 가장 기초적인 점탄성 모델로서 논의의 시작점에 불과하다. 실제적인 공정의 이해를 위해서는 이보다 훨씬 정교한 이론이 많이 제안되고 있으며, 실제 가공의 수치 해석에 활용되고 있다.

점탄성을 알아보는 가장 좋은 실험 방법은 주기적 변형이나 주기적 전기장을 도입하면서 변형의 변화를 주기적으로 관찰하는 것이다. 이를 동적 기계적 분석dynamic mechanical analysis이라 하며, 점탄성 물성visco-elastic property을 온도와 주파수frequency의 함수로 측정한다. 이와 유사한 동적 유전적 분석dynamic dielectric analysis 방법은 전기절연 성질을 주기적 전기장의 변화에 따라 측정하는 것이다. 이런 자료를 수치화해서 실제 가공 공정을 묘사하는 데 활용할 수 있다.

인물 소개

폴 존 플로리

Paul Jhon Flory, 1910~1985, 일리노이 출생

미국의 화학자로, 맨체스터대학교를 졸업한 뒤 오하이오주립대학교에서 박사 학위를 받았다. 고분자를 다루는 여러 분야 중 단량체로부터 고분자를 중합하는 **고분자 화학**polymer chemistry의 대표적인 학자라고 할 수 있다.

그는 박사 학위를 취득한 뒤, 스탠다드 석유회사, 굿이어 타이어 회사 같은 기업체에서 근무하기도 하였다. 1948년 코넬대학교 교수, 1956년 멜런 연구소 부소장을 거쳐 1961년부터 작고할 때까지 스탠퍼드대학교 화학과 교수로 재직하였다.

거대 분자 합성, 광화학, 중합 메커니즘을 연구하였으며, 특히 이론과 실험 양면에서 고분자의 물리화학적 기초를 구축한 것으로 평가받는다. 고분자 학문의 발달을 가속화하는 고분자 물리화학 분야의 연구를 선도하였다고 할 수 있다. **등반응성 원리**equal reactivity principle를 이용한 고분자 중합 이론, 고분자의 가장 흔한 분포most probable distribution와 통계적 방법에 의한 분자량 분포 예측, 고분자 용액 **격자**lattice 이론, 플로리 상호 계수Flory's interaction parameter, 고무의 열적 거동에 대한 연구 등 고분자 화학에 대한 그의 기여도는 지대하다. 그 공로로 1974년에 노벨화학상을 받았으며 주요 저서로는 〈고분자의 원리 Principles of Polymer(1953)〉, 〈분자의 통계역학 Statistical Mechanics of Molecules(1969)〉이 있다.

3부

고마운 고분자

01

고분자의 고마움

자연에서 발견되는 풍부한 천연 고분자인 셀룰로스cellulose는 나무나 풀의 바탕을 이루는 물질이며, 목재나 종이의 원료로 사용된다. 그러나 가공이 어려워 다양한 용도로 사용되지는 못하고 있다. 반면에 폴리에틸렌PE나 폴리프로필렌PP 등의 합성 수지는 상대적으로 가공이 쉽고 원료를 석유화학공업petrochemical industry에서 값싸게 얻어낼 수 있어 널리 사용하게 되었다.

또한 실크silk, 면cotton, 모wool는 천연 섬유로서 근본적으로 대량 생산이 어렵기에 합성 섬유인 나일론nylon, 폴리에스터 섬유polyester, PET로 상당히 대체되고 있다. 천연 고무polyisoprene도 경제적인 이유에 의해 합성 고무인 스타이렌-부타디엔 고무styrene-butadiene rubber, SBR, 나이트릴 고무nitril rubber, NR 등으로 대체되고 있다. 그 여파로 고무나무를 많이 기르기로 유명한 말레이시아, 인도네시아 등도 이제 고무나무 대신 팜나무로 바꾸어 재배하고 있는 실정이다.

이 모든 합성 고분자는 결국 자연의 이치를 모방하여 인위적으로 만든 것이라 할 수 있다. 이런 합성 고분자가 발명되어 우리 생활에 널리 사용되지 않았다고 생각해 보자. 70억 인류가 소비하는 많은 양의 섬유나 수지 및 고무들을 천연에서만 얻어야 한다. 특히 개발도상국의 인구 증가나 생활 수준 향상에 따른 소비 증가 추세를 감안할 때 고분자의 수요는 지속적으로 늘어날 것으로 예측되고 있다.[1] 합성 고분자의 발명이 지구 환경 보호를 위하여 정말로 큰 행운이라고 할 수 있는 것이다. 만일 합성 고분자가 발명되지 않아 상업적 생산이 불가능하다면 얼마나 많은 나무를 소비할 것인지, 얼마나 많은 면적의 목화밭이 필요할 것인지, 얼마나 많은 고무나무를 재배해야 할지 상상할 수조차 없다.

물론 너무 손쉽게 사용되는 일회용 플라스틱의 남용으로 인한 최근의 미세플라스틱 문제 역시 심각하게 받아들여야 한다. 소비자들은 일회용 용기의 사용을 최대한 줄이고, 생산자들도 재활용 방안이나 생분해성 고분자의 개발과 같은 대책을 마련해야 한다. 생산자와 소비자가 같이 책임져야 할 문제인 것이다.

1 선진국의 인구당 플라스틱 소비는 개발도상국의 인구당 소비량의 두 배 정도이다.

02

고분자 중합 방식의 차이

단량체를 서로 연결하여 고분자를 만드는 것을 중합polymerization이라고 한다. 천연 고분자가 자연에서 중합되는 과정을 살펴보면 살아 있는 세포 속에서 생화학 반응이 아주 온화한 조건에서 매우 천천히 일어난다. 식물체가 빛의 도움을 받아 녹말을 만들어내어 따로 저장하는 생화학 반응인 광합성은 1년 농사에 해당한다. 이처럼 단량체라고 알려진 반복 단위 화합물을 계속해서 하나씩 연결해 나가는 작업은 어쩌면 아주 지루하다고 하겠다.

반면에 자연의 합성 방법을 모방하여 준비된 단량체를 연결하는 합성 고분자의 중합은 대부분 혹독한 반응 조건과 더불어 특정 촉매가 관여하고 여러 단계의 과정을 거치게 된다. 예를 들면 저밀도폴리에틸렌LDPE은 250℃, 3,000기압의 험한 반응 조건에서 중합된다.[1] 이것

1 3000기압은 수심 약 30 km의 수압과 같다. 지구에서 가장 깊은 해구인 마리아나 해구의 깊이가 약 11 km인 것을 볼 때 엄청나게 혹독한 조건이라고 할 수 있다.

은 더 경제적으로 더 많은 양의 고분자를 한꺼번에 값싸게 중합하기 위해 고안된 방식이다.

20세기 초 **캐러더스**Carothers가 중합 방법을 연구할 때는 항상 저분자 물질이 빠져나오는 중합이 주를 이루었으므로 이를 축합 중합condensation polymerization이라고 불렀다. 현재는 거의 같은 고분자를 저분자 물질이 나오지 않는 개환 중합으로 합성할 수 있기에 축합 중합이라는 용어 대신 **단계 성장 중합**step growth polymerization이라는 용어를 선호하게 되었다.

다른 방식의 중합 방법에는 연쇄 중합이라고도 하는 **연쇄 성장 중합**chain growth polymerization이 있다. 이 방법은 개시제initiator를 활용하여 라디칼을 만든 다음 이들을 활성점으로 중합을 시작한다.

두 가지 중합 방법은 여러 측면에서 상당한 차이점이 있다. 이후 두 개의 장에서 각각의 중합 방법에 대해 좀 더 상세히 알아보자.

03

자연을 모방한 단계 성장 중합

자연에서 일어나는 고분자 중합과 유사한 방식은 단계 성장 중합이다. 그 예로 카복실산 작용기(−COOH)를 둘 가지는 분자와 알코올 작용기(−OH)를 둘 가지고 있는 분자 간의 반응은 다음과 같다.

$$HOOC-R-COOH + HO-R'-OH \leftrightarrow HOOC-R-COO-R'-OH + H_2O$$

두 개의 작용기가 결합하여 에스터 결합ester을 만들면서 작은 물 분자를 내보내는 평형 반응을 볼 수 있다.

이를 비유로 간단하게 이해해 보자. 양손에 글러브를 낀 야구선수와 양손에 야구공을 든 야구선수가 손을 잡는다고 상상해 보자. 그러면 각각 글러브와 야구공을 내려놓고 손을 잡아야 하는데, 이 손을 잡으면서 생기는 결합이 곧 에스터 결합이라고 할 수 있다. 또 이때 글러브와 야구공이 만나 야구공이 글러브에 들어간 상태로 떨어져 나오는 것이 마치 물 분자가 생성되어 떨어져 나오는 것과 같다.

이를 고분자에 적용해 보자. n 중합도를 가진 분자(손을 잡고 있는

n명의 야구선수)와 m 중합도를 가진 분자(손을 잡고 있는 m명의 야구선수)가 반응하면 n+m 중합도를 가진 고분자(손을 잡고 있는 n+m 명의 야구선수)가 되면서 작은 분자를 내보낸다. 이때 야구선수들의 손은 두 개이므로, 손을 잡지 않은 반대 손으로 또 다른 야구선수와도 손을 잡을 수 있다. 즉 각각의 단량체는 2개의 반응기를 가지고 있으므로, 결합에 참여하지 않은 반응기는 또 다른 단량체와 추가로 결합할 수 있다. 이런 과정으로 고분자가 선형으로 성장하는 것이다.

이 반응은 기본적으로 가역 반응reversible reaction이며 예와 같이 두 개의 산 작용기를 가지는 물질과 두 개의 알코올 작용기를 가지는 화합물 사이의 반응이라면 반응은 선형으로 계속 진행될 것이다. 반응 후 생성되는 부산물을 효과적으로 제거해 준다면 정방향 반응이 계속될 수 있어 높은 분자량의 고분자가 얻어질 수 있다. 단량체는 반응 초기에 빨리 사라지고, 상대적으로 큰 분자량은 천천히 나타나게 된다. 예를 들면 중합도 50 정도가 되는 고분자가 합성되려면 이미 98%의 단량체가 소진되어야 하고 중합도 100이 될 때 이미 99%의 단량체가 소진된 상태이다.

04

사람이 고안한 연쇄 성장 중합

자연에서 일어나는 축합 중합 방식과는 달리 사람들이 고안해낸 연쇄 성장 중합의 경우에는 반응을 시작하기 위해 라디칼radical이나 음이온anion, 또는 양이온cation 같은 활성점이 필요하다. 보통 개시initiation, 전파propagation, 정지termination 세 단계 반응으로 중합이 이루어진다. 개시 반응으로 만들어지는 자유 라디칼은 채워지지 않은 전자unpaired electron를 가지고 있어 반응성이 매우 높으나 그 수명이 짧은 편이다. 탄소-탄소 결합에 기반한 자유 라디칼은 전자 궤도 면에서 sp^2 혼성hybridization 구조를 가지며 보통 이중 결합을 가진 불포화 탄소-탄소 결합C=C bond에서 볼 수 있다.

페닐 그룹(–)과 같이 전자를 끌어당기는 그룹을 가진 단량체는 음이온 방식anionic pathway을 택하여 중합한다. 메틸 그룹(CH_3-)과 같이 전자를 내놓으려는 성향의 단량체는 양이온 방식cationic pathway을 택한다. 메틸메타-아크릴레이트methyl meta-acrylate나 스타이렌styrene은 자유 라디칼 중합이나 음이온 중합으로 고분자를 만든다.

이중 결합이나 삼중 결합을 가진 단량체가 원자 재배열rearrangement

을 통해 성장하는 것이므로 부산물은 생성되지 않는다. 자유 라디칼이나 이온 같은 **활성 센터**active center에서 반응이 시작되므로 과산화물 같은 **개시제**initiator를 활용하거나 아니면 열, 빛, 방사선과 같은 에너지를 투입하여야만 반응이 시작된다.

이런 방식의 연쇄 중합은 간단히 $P_n + M \rightarrow P_{n+1}$와 같은 반응식으로 표현할 수 있다. 개시제나 에너지에 의해 생성된 중합도 n의 라디칼(혹은 음이온, 양이온)이 다른 단량체와 결합하면 중합도 n+1의 라디칼이 된다. 이 라디칼은 또다시 다른 단량체와 결합하여 중합도가 n+2인 라디칼이 된다.

이런 식으로 단량체가 계속 하나씩 빠른 속도로 보태지면서 고분자 사슬은 연쇄적으로 성장한다. 고분자의 성장을 멈추기 위해서는 결국 **중합 억제제**inhibitor를 투입하여 원하는 길이에서 라디칼(혹은 음이온, 양이온)을 환원시켜주어야 한다. 이를 결합 또는 불균등화에 의한 정지termination 반응이라고 한다.

연쇄 중합 반응에서는 반응 초기부터 높은 분자량의 고분자가 얻어질 수 있다. 또한 단량체의 농도도 시간이 지남에 따라 서서히 감소하므로 단량체가 일찍 소비되는 단계 중합과는 상당한 차이점을 보인다. 분산도 지수가 2 정도인 플로리의 가장 흔한 분포를 따르는 단계 중합에 비해 분산도 지수도 아주 큰 편이다. 결국, 고분자 분자량의 분포는 중합 방식에 따라 전혀 다른 결과를 보인다.

중합 방식의 차이는 우리에게 다양한 종류의 고분자를 합성하도록 했으며, 같은 종류의 고분자 내에서도 다양한 분자량 분포를 보이도록 한다. 이 의미는 얻어지는 고분자의 물성 역시 매우 다양해질 수 있다는 것이다. 따라서 원하는 성질의 고분자를 중합 방법을 조절해 가며 합성할 수 있으니 얼마나 고마운 일인가? 이처럼 고분자를 중합하는 일은 일반 저분자 합성 공정과는 차이점이 많아 **고분자 중합 반응공학**이라는 이름으로 따로 연구되고 있다.

05

대단한 치글러-나타 촉매

1939년 영국의 ICI사에서는 우연한 기회에 저밀도폴리에틸렌LDPE의 합성에 성공하였다. 높은 압력에서 자유 라디칼 중합으로 제조한 것이었으며, 합성된 LDPE는 전선 코팅용으로 사용하였다. 이때는 짧은 가지나 긴 가지가 포함된 폴리에틸렌이 자연스럽게 합성되었으므로 밀도가 상대적으로 낮은 편이었다. 하지만 같은 공정 방식으로 폴리프로필렌이나 고밀도폴리에틸렌을 생산할 수는 없었다.

1954년 독일의 치글러Karl Zieglar와 이탈리아의 나타Giulio Natta는 각각 독자적으로 새로운 촉매를 연구하였다. 나타는 입체 규칙적 화학공정을 이용하여 결정성과 **동일 배열성**isotacticity이 우수한 폴리프로필렌인 i-PP를 합성하는 데 성공했다. 치글러는 저온 저압에서 반응시켜 가지 형성을 억제하면서 결정성이 우수한 고밀도폴리에틸렌HDPE을 성공적으로 중합하였다. 이때 사용된 촉매는 모두 전이 금속-유기물 착화합물transition metal-organic complex인 $Al(C_2H_5)_3$이나 $TiCl_4$였다. 이를 치글러-나타 촉매라고 하며, 이런 공로로 치글러와 나타는 1963년에 노벨화학상을 공동 수상하였다.

이렇게 치글러-나타 촉매를 활용한 고분자 중합에는 배위 결합 또는 삽입 반응 기구가 이용되므로 이를 **배위 중합**coordination polymerization이라 한다. 에틸렌, 프로필렌뿐 아니라 뷰텐1-butene 같은 알파 올레핀alpha olefins이나 아이소프렌isoprene 같은 다이올레핀diolefin 또는 삼중 결합을 가진 아세틸렌acetylene의 중합도 가능하다. 이 중합은 물, H_2, 방향족 알코올aromatic alcohol, 금속과 만나면 정지한다.

치글러-나타 촉매의 발견은 고분자 중합에서의 촉매의 중요성을 제대로 알려주는 매우 대단한 업적이다. 이후에도 여러 우수한 고분자 화학자들에 의해서 **메탈로센 촉매** 등 아주 획기적 촉매가 여럿 발명되어 고분자 산업에 크게 기여하고 있다.

06

입체 형태와 입체 배열

긴 사슬 구조의 고분자가 실제로 어떤 상대적 위치를 가지는지를 나타내는 **입체 형태**conformation 즉 입체적 상태geometric arrangement는 무수히 많은 경우가 가능하다. 그러나 화학적으로 어떤 결합 배열stereo-chemical arrangement을 하는지를 나타내는 입체 배열configuration은 단지 몇몇 경우만 가능할 뿐이다.

택티시티tacticity라고 하는 고분자의 입체 규칙성stereo-regularity이 바로 입체 배열의 대표적인 예이며, 세 가지 경우로 나눌 수 있다. 예를 들면, PP의 경우 동일 배열isotactic, 교대 배열syndiotactic, 무규칙 배열atactic 구조를 가질 수 있으며 각각 구조에 따라 현저하게 다른 물성을 보인다. 상업적으로는 동일 배열성이 높은 반결정성 수지인 i-PP가 주로 사용된다. 반면에 상업적으로 많이 사용되는 폴리염화바이닐poly vinyl chloride, PVC은 주로 무규칙 배열 구조를 가지는 a-PVC이며, 무정형 수지의 대표적 예로 이해되고 있다.

주사슬이 선형으로 연결되는 경우 이외에도 다양한 종류의 가지형 고분자branched polymer를 만들 수 있다. 빗 모양, 별 모양, 임의 가지 모양, 가교형 등을 생각할 수 있다. 단량체가 가진 작용기 숫자에 따라 고분자의 골격 구조가 달라진다.

고분자의 물성을 향상시키기 위하여 두 가지 이상의 단량체를 같이 사용하여 중합하면 시너지 효과를 볼 수도 있으며, 이때 만들어진 고분자를 공중합체copolymer라고 한다. 이때에도 작용기가 두 개 있는 단량체 사이의 중합은 선형 구조 고분자를 이루게 되지만, 작용기가 셋이면 가지형 고분자가 만들어진다. 작용기가 그보다 더 많아지면 망상 고분자나 가교 구조가 만들어진다. 이런 가교 구조는 합성 고무를 만들 때 황 분자를 첨가하여 서로 연결하게 해주는 가황 현상vulcanization과 아주 유사한 구조이다. 공중합체의 제조는 산업적으로 아주 많이 활용되는 개념이다.

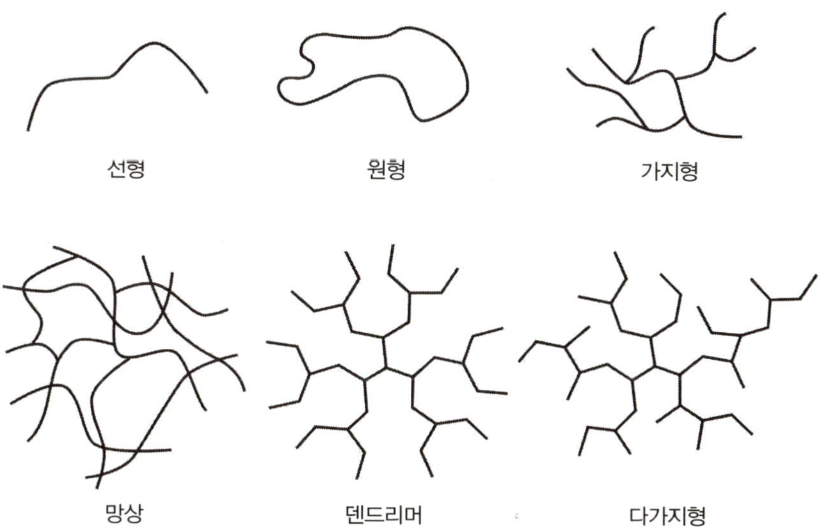

▲ 고분자의 다양한 골격 구조

07

열경화성 고분자가 되는 이유

고분자를 크게 열가소성 고분자와 열경화성 고분자로 구별할 수 있다는 것을 이미 앞에서 언급하였다. 다시 간단히 설명하자면 **열가소성 고분자**는 열을 가하여 쉽게 가공할 수 있는 고분자이며, **열경화성 고분자**는 열을 가하여도 쉽게 가공할 수 없는 고분자이다. 열가소성 고분자는 가공이 쉽지만 당연히 열에 의한 변형도 그만큼 쉬우며, 열경화성 고분자는 열에 강하다. 그러면 어떤 경우에 열경화성 수지가 만들어질까?

바로 앞 장에서 얘기한, 단량체의 작용기 개수에 따른 고분자 골격 구조의 변화가 결정적인 역할을 한다. 작용기가 2개인 단량체로 만들어지는 고분자는 자연스럽게 선형으로 성장하면서 유연한 구조를 갖는다. 그 결과 열가소성 고분자가 된다. 그러나 작용기가 2개보다 많아지면 자연스럽게 가지형 고분자가 만들어진다. 그 결과 열경화성 고분자가 되는 것이다.

예를 들어 두 개의 산기를 가진 다이카복실산 단량체와 세 개의 알코올기를 가진 단량체가 만나면 자연스럽게 젤화 현상이 일어나 열경화성이 된다. 폼알데하이드formaldehyde 기반의 열경화성 고분자들을 생각해 보자. 작용기 3개를 가진 페놀과 폼알데히드의 반응에서 폼알데히드를 과량으로 넣게 되면 레졸resoles이 되고 페놀을 과량으로 넣게 되면 노보락novolaks이 된다. 작용기가 네 개인 요소urea와 폼알데하이드 사이의 반응으로도 열경화성 수지가 만들어진다. 작용기 여섯 개인 멜라민melamine과 폼알데하이드 사이의 반응은 흔히 멜라민 수지라고 부르는 열경화성 수지를 만든다. 이 멜라민 수지는 분식집이나 중국집에서 자주 사용하는 그릇의 주재료로, 우리에게 매우 친숙한 고분자이다.

또 다른 열경화성 수지인 에폭시 수지epoxy resins는 에피클로로하이드린epichlorohydrin과 비스페놀 Abisphenol A 사이의 반응을 이용한 것이며, 다이아민diamine을 사용해서 가교시킨 고분자이다. 망상 폴리유레테인network polyurethanes도 이런 방식으로 얻어진 고분자이다.

젤화 이론은 캐러더스 이론의 연장선상에서 검토할 수 있는데 N_i를 f_i개의 반응기가 포함된 단량체의 수라고 하면 평균 반응기 개수 및 총 분자 수는 각각

$$f_{avg}=\frac{\Sigma N_i f_i}{\Sigma N_i},\ N_0=\Sigma Ni$$

로 주어진다. 초기 반응기 수는 $N_0 f_{avg}$이고 시간 t에서 총 분자 수가 N이라고 하면

$$p=\frac{2(N_0-N)}{N_0 f_{avg}}=\frac{2}{f_{avg}}(1-\frac{1}{X_n})\ \text{or}\ X_n=\frac{2}{2-pf_{avg}}$$

이다. 따라서 $f_{avg} > 2$일 때만 중합도(X_n)는 증가할 수 있고 $p \rightarrow \frac{2}{f_{avg}}$으로 가까워지면 중합도가 아주 크게 증가하여 젤화가 일어나게 되는 것이다.

이리하여 젤화된 이후에는 아무리 가열하여도 더 이상 녹지 않고 아주 높은 온도에서 열분해만 일어나는 비가역적 열경화성 수지가 된다. 그러므로 고온에서 견디는 **내열성 고분자**를 만드는 데는 이 방법이 유리하다. 다시 정리하자면 열경화성 고분자가 될 것인지 열가소성 고분자가 될 것인지는 전적으로 단량체의 **작용기 수**에 달려있는 것이다.

08

고분자를 중합하기 좋은 방법 : 벌크 중합

고분자를 상업적으로 대량으로 제조하기 위하여 여러 가지 방법이 동원되고 있다. 가장 먼저 고려해야 할 사항은 단량체의 안정적인 확보이다. 중합에서도 실험실에서 연구용으로 사용되는 중합 공정의 규모와는 달리 사뭇 큰 용량으로 스케일-업scale-up해야 하고 이 과정에서 온도, 압력, 조성 등 여러 공정 조건의 제어가 원활하도록 설계되어야 한다. 무엇보다도 먼저 품질 관리에 초점을 두되 제조 원가를 낮추는 방법이 강구되어야 한다.

단량체, 단량체에 녹는 개시제, 분자량 조절을 위한 일부 사슬 이동제chain transfer agent만 사용하는 가장 간단한 중합 방법이 순도가 높은 고분자를 만들 수 있는 좋은 방법이다. 이를 **벌크 중합**이라 한다. 이렇게 중합을 시행하는 경우의 중합 속도 R_p 및 분자량의 크기 M_n을 예측해 보면 다음과 같다.

$$R_p \propto [M]\sqrt{[I]} \qquad\qquad M_n \propto \frac{[M]}{\sqrt{[I]}}$$

여기서 $[M]$은 단량체의 농도, $[I]$는 개시제의 농도이다. 높은 분자량의 고분자를 빠른 속도로 얻기 위해서는 단량체 농도가 높아야 함을 알 수 있다.

이 방법은 반응기 부피당 수율이 상대적으로 높고 반응 후 고분자의 회수가 쉽다. 또한 고분자 생성물을 따로 분리 정제하지 않고 직접 성형하는 주형 중합cast polymerization도 가능하다. 그렇지만 반응하지 않고 남은 단량체를 제거하기가 어렵고, 고분자 물질의 낮은 비열과 낮은 열전도성으로 인하여 중합할 때 발생하는 35 ~ 192 kJ/mol의 높은 **중합 반응열**을 제거하기가 아주 힘들다.

따라서 고분자 중합이 계속 진행함에 따라 열이 많이 발생하여 온도가 올라가고, 온도가 올라가면서 중합 속도가 더 빨라진다. 결국 반응열의 발생도 더 증가하는 연쇄 작용이 일어난다. 한편 고분자량의 고분자가 형성됨에 따라 고분자 사슬 길이가 증가하고, 따라서 용융 점도도 많이 증가하여 긴 사슬을 가진 고분자 라디칼의 확산diffusion에 의한 움직임이 점점 느려진다. 두 라디칼은 점점 만나기 힘들어지므로 고분자의 성장을 멈추게 하는 정지 반응termination이 더 어렵게 된다. 반면에 저분자인 단량체의 확산은 비교적 빠르므로 중합 속도는 더욱 빨라진다.

이런 상황들이 종합적으로 작용하면 **트롬스도르프(젤) 효과**Trommsdorff(gel) effect라고 하는 **자체 촉진 현상**auto-acceleration process으로 인해 폭발과 같은 큰 문제가 일어날 수 있다. 이를 방지하기 위해서는 칸막이baffles를 도입하여 열전달을 용이하기 만들어 열을 제거하나, PMMA의 중합 공정처럼 2단계 중합 공정을 도입하는 등의 보완 조치가 필요하다. 이런 중합 방법은 모든 단량체에 적용되는 것은 아니며 열전달 문제 등을 근본적으로 해결하기 위하여 용액 중합, 현탁 중합, 유화 중합 등의 여러 중합 방법이 활용되고 있다.

09

고분자의 화학적 개질

일반적으로 단 한 번의 중합 공정만으로 얻고자 하는 물성을 모두 만족하는 고분자를 합성하기는 어렵다. 고분자 소재의 부족한 물성을 보충하고, 성능을 향상시키기 위한 여러 가지 접근 방법이 있다.

제일 쉽게 접근하는 방법은 여러 가지 첨가제들을 양념처럼 투입하는 것이다. 우리가 요리할 때 주재료는 같다 하여도 부가하는 양념이나 요리 방법에 따라 여러 가지 맛있는 음식을 준비할 수 있는 것과 같다.

고분자의 성능을 개선하는 또 다른 방법으로 두 가지 이상의 단량체를 사용하는 화학적 방법인 공중합이 이용되기도 한다. 이렇게 함으로써 여러 물성의 시너지 효과를 거둘 수 있거니와 획기적인 특성을 달성하기도 한다.

세 번째 방법은 두 가지 고분자를 물리적으로 조합하는 것이다. 어느 정도 상용성miscibility[1]이 있는 경우에는 고분자 블렌드라고 하며, 상

1 서로 섞일 수 있는 성질.

용성은 없지만 서로 잘 어울리는 고분자 복합체 시스템을 구성하는 것도 하나의 방법이다.

여러 물성의 변화를 더 쉽게 모색하기 위하여 기존 고분자 소재의 화학적 개질을 시도할 수 있다. 고분자에 특정 성질을 부여하기 위하여 특정한 작용기를 도입하게 된다. 이렇게 하면 생체 적합성bio-compatibility, 난연성fire retardancy, 접착성adhesion 또는 이온교환 능력 등을 간편하게 고취할 수 있다.

난연성을 증가시키기 위해서는 일반적으로 브로민을 활용한다. 단순히 브로민 계통 화합물을 첨가하기도 하며, 브로민화 반응을 유도하기도 한다. PVC의 경우 염소화 반응chlorination으로 연화 온도를 높이고 다른 고분자와의 혼화성, 상용성을 증가시켜 줄 수도 있다. 이는 PVC에 가소화제를 물리적으로 혼합하는 대신 화학 반응으로 소기의 목적을 얻고자 하는 시도라고 할 수 있다.

폴리프로필렌의 염색성을 보강하기 위해서 여러 화학적 개질 작업을 시도하기도 한다. 다양한 색의 플라스틱을 얻을 수 있으므로 산업적으로 의미가 있다 할 것이다.[2]

2 Y.B. Choi, OO. Park, "Preparation of sulfonated polypropylene and its dyeability: Thiol as a functionalization template of polypropylene", *Journal of Applied Polymer Science*, Vol.109, 2008, pp.736-748.

10

전도성 고분자가 가능한가?

일반적으로 탄화수소 기반의 유기 고분자는 전기적으로 절연 성질을 띠고 있어 전선 피복용으로 적합하다. LDPE는 탄화수소만으로 중합된 우수한 절연체로서 유용한 소재의 하나이다. LDPE에 전기장을 걸면 전자가 이동하지는 못하기에 전기를 통하는 대신 고분자 내에 유도 쌍극자 모멘트가 생겨난다. 만일 이미 고분자 사슬 내에 영구 쌍극자 모멘트permanent dipole가 있는 경우에는 전기장 방향으로 그 배향을 바꾸게 된다.

고분자 내에 움직일 수 있는 이온이 존재한다면 이들의 움직임에 의해서도 쌍극자 모멘트가 생긴다. 또한 각각의 원자들이 가지고 있는 전자구름도 가해진 전기장에 의하여 한쪽으로 치우치게 되면서 유도 쌍극자 모멘트가 추가로 생긴다. 이들은 개별 원자의 전자 움직임에 의한 것이므로 높은 주파수에서도 순간적인 분극화가 가능하다. 반면에 분자의 이동이 필요한 분극의 변화 혹은 영구 쌍극자 모멘트의 전기장에 의한 배향 변화는 어느 정도 시간이 소요되는 과정이어서 배향에 의한 분극의 변화는 다소 느리다. 결국 전기장을 주기적으로 변화시키면 전기장과 동조하는 항과 어긋나는 항이 존재하게 된다. 이는 흡사 기계적 동적 변형 실험에서 탄성 항과 점성 항이 모두 나타나는 것과 같다.

절연 고분자와 달리 유기 고분자가 전기전도성을 가질 수 있다는 사실은 1970년에 와서야 알려지게 된다. 실험실에서 폴리아세틸렌의 중합이 성공한 것이 그 처음이라고 할 수 있다. 아세틸렌 기체를 치글러-나타 촉매로 중합하면 전도성을 가진 폴리아세틸렌polyacetylene이 만들어진다. 이를 발견한 공로로 시라카와Shirakawa, 히거Heeger, 맥더미드MacDiarmid가 2000년에 노벨화학상을 받았다.

이후 폴리피롤, 폴리아닐린, 폴리파라페닐렌 등 다양한 종류의 전도성 고분자가 연구되었고 그 전기전도성도 획기적으로 높아졌다. 쉬운 가공성 덕분에 태양전지, 2차 배터리 등 다양한 용도로 활용되고 있으며, 그 사용은 더 많이 증가할 것으로 예측하고 있다. 기계적 변형이나 열적 변화에 의하여 전기를 발생하는 압전성 고분자, 열전성 고분자도 그 기능성으로 많은 관심을 끌고 있다.

11

바이오 PET

카이스트 고분자 나노소재 연구실에서는 ㈜롯데케미칼과의 산학 협동 연구를 통하여 PET 수지를 대체할 수 있는 바이오 플라스틱을 고분자량으로 합성하는 데 성공하여 상업화 가능성을 엿보고 있다.[1] PET는 석유화학산업에서 얻어지는 단량체들로 만들어지므로 중합 과정에서 환경적 부담이 있을 뿐 아니라, 잘 썩지 않으므로 폐기 처리도 어렵다. 그러나 이 바이오 플라스틱은 식물에서 얻은 단량체로 중합하는 퓨란계 고분자이므로 보다 친환경적이다. 이번 연구는 그 우수성이 인정되어 국제 학술지인 「그린 케미스트리Green chemistry」 뒤표지 논문으로 게재되었다.

최근 지구 온난화의 주원인으로는 이산화 탄소가 지목되고 있다. 탄소 중립carbon-neutral 개념이 도입되면서, 이산화 탄소 저감을 위해 식

1 S. Hong, K.-D. Min, B.-U. Nam, OO. Park, "High molecular Weight Bio Furan Based Copolyesters for Food Packaging Applications: Synthesis, Characterization, and Solid-state Polymerization", *Green Chemistry*, Vol.18, 2016, pp.5142.

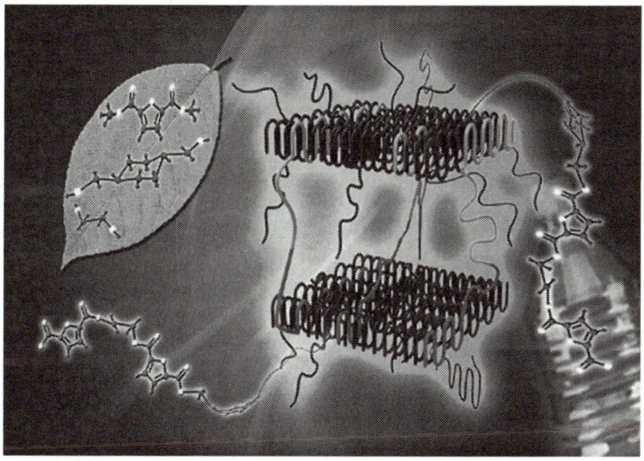

▲「그린 케미스트리Green chemistry」 2016년 10월 7일자 뒤표지
출처: Reproduced from Ref. S. Hong, K.-D. Min, B.-U. Nam, OO. Park, "High molecular Weight Bio Furan Based Copolyesters for Food Packaging Applications: Synthesis, Characterization, and Solid-stated Polymerization", *Green Chemistry*, Vol.18, 2016, p.5142, with permission from the Royal Society of Chemistry)

물자원 기반 바이오 플라스틱의 필요성이 점증하고 있다. 또한, 석유 유래 플라스틱은 그 원료인 석유 자원이 한정되어 있는 데 비하여, 바이오 유래 플라스틱은 원료인 바이오 물질의 재생이 가능하므로 지속적 순환이 가능하다고도 볼 수 있다.

바이오 유래 플라스틱 원료로 가장 유망한 단량체 중 하나는 퓨란-2,5-다이카복실산furan-2,5-dicarboxylic acid, FDCA이다. FDCA의 화학적인 구조는 PETpoly(ethylene terephthalate)의 주원료인 테레프탈산terephthalic acid, TPA과 유사하므로 석유 기반의 TPA를 대체하는 바이오 PET의 주원료로의 사용 가능성이 대두되었다.

FDCA와 에틸렌 글리콜ethylene glycol, EG의 축합 중합을 통해 합성된 PEFpoly(ethylene furanate)는 물리적, 화학적 성질이 PET와 비슷하다. 게

다가 기체 차단성과 내열성이 우수하여 PET 대체 패키징 소재로 많은 연구가 진행되고 있다. 그러나 PET에 비하여 인장 신율과 용융 강도가 낮고 취성적[2]이라는 단점이 있다. 따라서 패키징으로 주로 사용되는 병 모양 성형을 위한 블로잉blowing 등의 이축 연신 가공이 어렵다. 또한, PEF 제조 시 용융 중합만으로는 충분히 큰 분자량을 얻는 데 어려움이 있으므로 더 큰 분자량을 얻기 위해서는 고상 중합 공정이 반드시 추가되어야 했다. 그러나 PET 대비 PEF의 결정화 속도가 느려 고상 중합에서 상대적으로 높은 제조 비용이 발생하기에 상업 경제성 확보가 어려운 실정이었다.

본 연구에서는 PEF의 취성 특성과 느린 결정화 속도를 개선하기 위해 CHDM1,4-cyclohexanedimethanol을 공단량체로 도입하였고, 공중합을 통해 신규 퓨란계 폴리에스터를 합성하였다. CHDM 도입에 따른 퓨란계 폴리에스터의 열적, 기계적 특성, 결정화 거동을 평가하였고 상기한 단점을 개선할 수 있는 최적의 단량체 조성을 선정하였다. 최적 조성의 퓨란계 폴리에스터는 고상 중합을 통해 단시간에 고분자량을 얻을 수 있었으며, 실제 병 성형 후 그 성능을 평가하였다.

공단량체로 CHDM이 도입됨에 따라 폴리에스터 내의 사이클로자일렌 고리의 형태 전이conformational transition가 증가한다. 이에 따라 외부 응력에 대해 더 쉽게 느슨해지면서, 취성적인 물성 역시 개선되었다. 또한, CHDM이 75 mol% 함유된 퓨란계 폴리에스터는 빠른 결정화 속도, 낮은 결정화도로 고상 중합 시 매우 높은 분자량 증가를 보

2 소재에 힘을 가했을 때 늘어나거나 휘어지지 않다가 갑자기 파괴되는 성질

임으로써 바이오 유래 PET 대체재로 상업화 가능성을 보이고 있다.

연구팀이 개발한 신규 퓨란계 폴리에스터는 PET 수지와 물성, 가공성, 제조 공정이 유사하므로 PET 수지의 바이오 대체재로 충분히 적용할 수 있다. 기존 석유 유래 단량체인 TPA를 퓨란으로 대체한 것에 더하여 다른 하나의 단량체인 EG의 바이오 기반 생산까지 가능해진다면, 명실공히 100% 바이오 기반 플라스틱 수지의 개발이 완료된다고 할 수 있다.

12

싼SAN 수지와 비싼B-SAN 수지

고분자를 상업적으로 생산한다는 것은 그리 쉬운 일이 아니다. 합성 고분자가 상업적으로 유용하기 위해서는 우선 그 단량체의 공급이 원활해야 한다. 그리고 적절한 촉매와 공정 개발이 뒤따라야 한다. 만약 물성의 개선이 좀 더 필요하다고 생각되면 몇몇 새로운 시도를 더해야 한다.

먼저 분자량을 키워 본다. 일반적으로 분자량이 커지면 물성은 향상된다. 하지만 분자량을 키우는 작업에는 항상 많은 비용이 수반되므로 적절한 수준에서 멈추어야 한다. 두 번째로 시도할 수 있는 것은 고분자에 여러 첨가제를 투여하는 방식이다. 난연성이 부족하다면 난연제를, 강도가 부족하다 싶으면 보강제를, 산화가 잘 된다고 생각되면 내산화제(안정제)를 투여하는 것이다. 이외에도 화학적 개질을 통한 물성의 개선도 시도할 수 있다.

또 다른 시도는 두 종류 이상의 단량체로 공중합체를 만드는 것이다. 스타이렌과 아크릴로나이트릴 단량체를 동시에 사용하면 폴리스타이렌이나 폴리아크릴로나이트릴 대신 SAN이라는 공중합체가 만들어진다. 세 가지 단량체가 사용되기도 한다. 스타이렌, 아크릴로나이트릴 그리고 뷰타다이엔을 사용하면 ABS 수지를 합성할 수 있다. ABS의 중합 형태는 고무상 구조가 고분자 매트릭스에 잘 분산된 형태여서 충격저항성이 좋으며, 동시에 치수 안정성이 매우 높다. 이 소재는 레고와 같은 장남감을 만드는 데 활용되고 있다. SAN(싼) 수지에다 뷰타다이엔을 첨가하니 B-SAN, 즉 비싼 수지가 만들어진 셈이다.

스타이렌계 수지 중에서는 내충격성이 좋은 HIPS라는 합성수지가 개발되어 있다. 이는 폴리뷰타다이엔 고무를 합성한 다음 스타이렌에 녹여 중합 반응을 함으로써 만든다. 이 과정에서 폴리스타이렌이 만들어지면서 폴리뷰타다이엔 분자들이 서로 모여 수 마이크론 정도의 작은 고무상으로 폴리스타이렌 매트릭스에 잘 분산된다. 이때 우연하게도 고무 입자상이 큰 것과 작은 것이 잘 어울어진 바이무달bimodal 분포의 경우에 제일 내충격 물성이 좋다는 것이 알려졌고 이를 위한 새로운 공정 기술도 제안된 바 있다.[1]

1 J.Y. Park, OO. Park, "Secondary phase inversion induced by addition of polystyrene during prepolymerization of high-impact polystyrene in a batch reactor", *Advances in Polymer Technology*, Vol.15, No.2, 1996, pp.145-150.

인물 소개

칼 치글러
Karl Ziegler, 1898~1973, 헬자 출생

독일의 응용화학자로, 1920년 마르부르크 대학교에서 박사 학위를 취득하였다. 이후 마르부르크대학교, 하이델베르크대학교, 할레 대학교에서 강의하였다. 1945년에는 막스 플랑크 연구소(舊 카이저 빌헬름 연구소)로 이직한 뒤, 1969년까지 석탄화학 분야에서 유기금속화합물을 연구하였다. 1953년 트라이에틸알루미늄과 사염화타이타늄을 촉매로 이용하면 통상적인 온도와 압력에서 에틸렌 중합을 빠르게 진행할 수 있다는 사실을 발견하였다. 즉, 촉매(치글러-나타 촉매)를 이용한 저압 폴리에틸렌 중합의 시대가 열린 것이다. 이 연구로 지울리오 나타와 함께 1963년 노벨화학상을 수상하였다.

4부

고분자와 친구들

01

고분자에 양념을?

일반적으로 사용되는 범용성 고분자 제품은, 한 가지 고분자만으로 이루어지기도 하지만 보통 여러 물성을 보완하기 위하여 한두 가지 고분자의 혼합물에다 여러 가지 첨가제additives를 혼합하여 만들어진다. 가소화제plasticizer, 난연제flame retardants, 가공 조제processing lubricants, 안정제stabilizers, 충전제filler 등 여러 기능을 가진 저분자 화합물을 혼합하여 사용한다. 따라서 이들 간의 혼합 상태가 아주 중요하다. 가공 도중에 가해주는 변형에 의하여 분배 혼합distributive mixing이 일어나고 응력에 의하여 분산 혼합dispersive mixing이 유도된다.

5대 범용 수지의 하나인 PVC는 일반적으로 열적 안정성이 떨어지고 강성도가 높은 뻣뻣stiff한 유리상 고분자이다. 여기에 가소화제와 열안정제thermal stabilizer를 투입하면 유리 전이 온도가 낮아진다. 그러면 열적 안정성이 개선된다. 이 혼합 고분자를 부드럽게 만들면, 포장 필름이나 전선 절연용으로 활용할 수 있다.

충전제의 보강 효과를 여실히 보여주는 예로 타이어에 사용하는 카본블랙을 들 수 있다. 이는 탄성률, 연신 강도, 마모 저항성, 피로 강도에 영향을 주는 강화 충전제이며, 내후성 또한 크게 증대시켜 자동차 운행의 안전성을 높인다.

전기적 물성을 띠는 탄소 섬유 등으로 고분자를 보강하면서 서로 연결된 구조percolation를 가지도록 유도하면, 전기 전도성이 획기적으로 증가하여 전자파를 흡수하거나 반사할 수 있다. 즉, 전자파 차폐EMI shielding 특성을 보여줄 수 있다. 고분자 수지와 관련된 그 외의 첨가제는 산화 방지제, 자외선 안정제, 윤활제, 경화제, 발포제, 항균제, 착색제, 충격 보강제, 대전 방지제 등으로 그 종류가 아주 다양하다.

고분자에 고분자를 첨가하는 경우는 고분자 블렌드polymer blend라 할 수 있는데, 대표적으로는 노릴NORYL이 있다. 이는 PPOpoly(2,6 dimethyl-1.4-phenylene oxide와 고충격 폴리스타이렌HIPS의 블렌드이며, 윤활제, 열안정제, 내연제, 충전제를 같이 투입하면 유리 전이 온도가 낮아지고 비용도 절감되어 상업적 이용 가치가 높아진다. 두 고분자가 서로 잘 섞이지 않는 경우에는 두 고분자를 연결한 공중합체 같은 상용화제compatibilizer를 투입하여 그 분산 상태를 향상시킬 수도 있다.

이렇게 고분자에 여러 물질을 첨가함으로써 그 물성이 강화되며 활용 범위도 넓어진다. 이들은 함께 있음으로써 도움을 주는 고분자의 친구들인 것이다.

02

고분자는 다른 고분자를 멀리 한다

고분자의 물성을 보강하기 위한 **고분자 블렌드** 개념에 대해 보다 상세히 알아보자. 상업적으로 만들어지는 고분자의 수는 한정적이지만 여러 고분자를 적절히 혼합하여 서로의 물성을 상승적으로 보강할 수 있다면 이보다 바람직할 수 없다. 한 종류의 신규 고분자를 상업적으로 마련한다는 일은 엄청나게 어렵지만, 고분자 블렌드를 제조하는 것은 상대적으로 쉬운 공정이기 때문이다. 하지만 해결해야 하는 문제가 있다. 원칙적으로 한 고분자는 다른 고분자를 멀리한다는 사실이다.

서로 다른 구조를 가진 고분자끼리는 극히 예외적인 경우를 제외하고 분자 단위로 서로 혼합이 잘되지 않는다. 앞 장에서 언급했던 **노릴** NORYL은 바로 이 예외로서 고분자 블렌드의 대표적인 예인데, PPO와 HIPS의 블렌드이다. PPO 자체의 유리 전이 온도는 209℃로 아주 높아 열분해 없이 가공하기가 매우 어렵다. 그러나 PPO에 낮은 유리 전이 온도(약 100℃)를 가진 HIPS를 블렌딩하고 윤활제, 열안정제, 내연제, 충전제를 투입하면 유리 전이 온도가 낮아진다.

두 고분자가 잘 혼합된다면 일반적으로 한 고분자는 연속상으로 매트릭스를 형성하고, 다른 고분자가 입자상으로 매트릭스 안에 분산되어 존재한다. 전자현미경으로 몰폴로지를 관찰하면 이를 확인할 수 있으나 유리 전이 온도를 측정하는 방식으로도 확인할 수 있다. 만일 분자 수준에서 서로 잘 어울린다면(상용적) 두 고분자의 유리 전이 온도의 중간에서 하나의 새로운 단일 유리 전이 온도를 보일 것이다. 하나의 유리 전이 온도를 보이더라도 너무 넓은 영역에서 유리 전이 현상을 보이면 분자 수준으로 혼화성이 있다고 할 수 없다(비상용적). 만일 두 고분자가 비상용적이라면 두 고분자의 유리 전이 온도가 서로를 향해 조금은 변화하지만 뚜렷한 두 개의 유리 전이 온도를 보일 것이다.

고분자 블렌드의 투명성을 관찰하여 상용성을 판단할 수도 있다. 만일 두 고분자가 혼합하여 투명하게 보인다면 혼화성이 높은 것이다. 두 고분자의 굴절률이 같지 않은 이상 잘 섞어야만 투명해지기 때문이다.

비상용적 고분자 블렌드의 상용성을 높이기 위하여 상용화제라고 하는 첨가제를 사용하기도 한다. 예를 들어 PS와 PC 블렌드의 상용성 향상을 위하여 반응 상용화 현상을 이용하거나 새로운 공중합체 형태의 **상용화제**를 도입할 수 있다. PC와 PS를 각각 개질을 통하여 혼합 시 서로 연결 반응이 갈 수 있도록 한 뒤 이를 이용하여 혼합과 동시에 자연스럽게 상용화제가 생기도록 하는 것이다.[1]

이런 반응 상용화 현상은 PET와 PHB/PET 액정고분자 간의 용융 블렌딩에서도 잘 나타난다. 여기서는 이들의 가공 온도에서 항상 일어나는 에스터 교환 반응 등을 유의하여야 한다.[2] 비상용 고분자 블렌드의 가공을 위해서는 이들의 유변학적 물성을 알아볼 필요가 있다. 비상용 고분자 블렌드의 유변 물성을 고분자 매트릭스, 분산상 그리고 계면의 기여도를 합하여 분자론적으로 해석한 이론적 연구[3]와 이런 모델을 이용하여 실제 이축 압출기에서 만들어지는 PE/PP 블렌드의 몰폴로지를 연구한 것[4]도 참고할 만하다.

1 S.C. Lee, OO. Park, "Preparation of the Anhydride Terminated Polycarbonate and Its Reactive Compatibilization with Polystyrene", *Journal of Applied Polymer Science*, Vol.77, No.6, 2000, pp.1338-1347.

2 C.I. Hwang, OO. Park, "Effects of chemical reactions on the properties of copolyesters made from poly(ethylene terephthalate) prepolymer and liquid crystalline polymer", *Polymer Journal*, Vol.27, No.3, 1995, pp.232-239.

3 H.M. Lee, OO. Park, "Rheology and Dynamics of Immiscible Polymer blends", *Journal of Rheology*, Vol.38, No.5, 1994, pp.1405-1425.

4 D.Y. Moon, OO. Park, "Development of a computational model to predict blend morphology in a twin-screw extruder", *Advances in Polymer Technology*, Vol.17, 1998, pp.203-215.

03

고분자 복합체 그리고 나노 복합체

고분자가 화학자의 실험실을 떠나 상업적으로 의미있는 역할을 하려면 여러 측면에서 후속 조치들이 마련되어야 한다. 그 첫째가 스케일업이다. 이는 실험실 규모에서 잘 진행되는 중합 공정을 의미있는 큰 단위로 대량 생산하기 위한 공정 연구이다. 이보다 우선되는 것은 물론 단량체의 확보이다. 이외에도 많은 고비가 있을 것이다. 따라서 실제 상용화된 고분자는 그리 많지 않다고 봐야 한다.

상용화된 고분자의 성능을 보다 향상시키기 위한 접근 방식 중 첨가제 투여, 화학적 개질, 고분자 블렌드 등은 이미 알아보았다. 마지막으로 **고분자 복합체**라는 개념을 알아보고자 한다.

고분자 복합체는 서로 잘 섞이지 않는 고분자를 잘 분산시켜 두 성분의 물성의 시너지 효과를 기대하는 것이다. 에폭시 수지에 분산된 유리섬유 복합체가 그 한 예이다. 탄소섬유 보강 고분자 복합체는 골프채, 낚싯대 등에 아주 유용한 재료로 사용된다.

섬유를 고분자에 분산시킬 때에는 긴 섬유를 그대로(연속적으로) 사용하는 경우와 잘게 잘라서 사용하는 경우를 생각할 수 있다. 후자의 경우는 마치 볏집을 잘라 진흙에 섞어 벽돌을 만드는 일과 유사한 형태라고 보면 된다. 선조들이 이전부터 고분자 복합체 개념을 잘 이해하고 있었던 모양이다.

복합체에 사용되는 섬유 자료를 나노 크기의 재료로 대체한다면 어떻게 될까? 최근에는 1~수백 nm 정도의 크기를 가진 무기 충전제inorganic filler를 사용하는 나노 복합체에 대한 연구가 아주 활발하다. 나노 충전제는 마이크로 충전제보다 단위 질량당 표면적이 훨씬 크다.[1] 따라서 만일 고분자의 어떤 물성을 좋게하는 데 충전제의 표면 특성이 큰 역할을 한다면, 나노 충전제가 마이크로 충전제보다 효과적일 것이라고 기대할 수 있다. 기계적 물성 뿐아니라 전기적 물성의 증대도 기대할 수 있으며, 만일 판상 충전제를 사용하는 경우에는 투과 특성의 큰 변화도 기대할 수 있다.

이때 사용하는 고분자 매트릭스로는 폴리올레핀, 폴리아마이드 등의 여러 탄성체가 많이 연구되고 있으며, 나노 충전제로는 유기 나노 점토organo nano clay, 탄소 나노 튜브carbon nano tube, CNT 및 그래핀graphene이 검토되고 있다. 뒷 장의 그림은 유기 나노 점토의 일종인 몬트모릴로나이트라고 하는 층상 실리케이트layered silicate의 구조, 고분자 나노 복합체가 형성되었을 때의 삽입intercalated 및 박리exfoliated 구조에 대하여 설명하고 있다.

이러한 구조는 단량체를 중합하면서 만들 수도 있고, 용융된 고분자 사슬을 층간에 삽입시키면서 형성할 수도 있다. 그림에서처럼 실리케

1 나노 스케일(10^{-9})은 마이크로 스케일(10^{-6})의 1000분의 1이다.

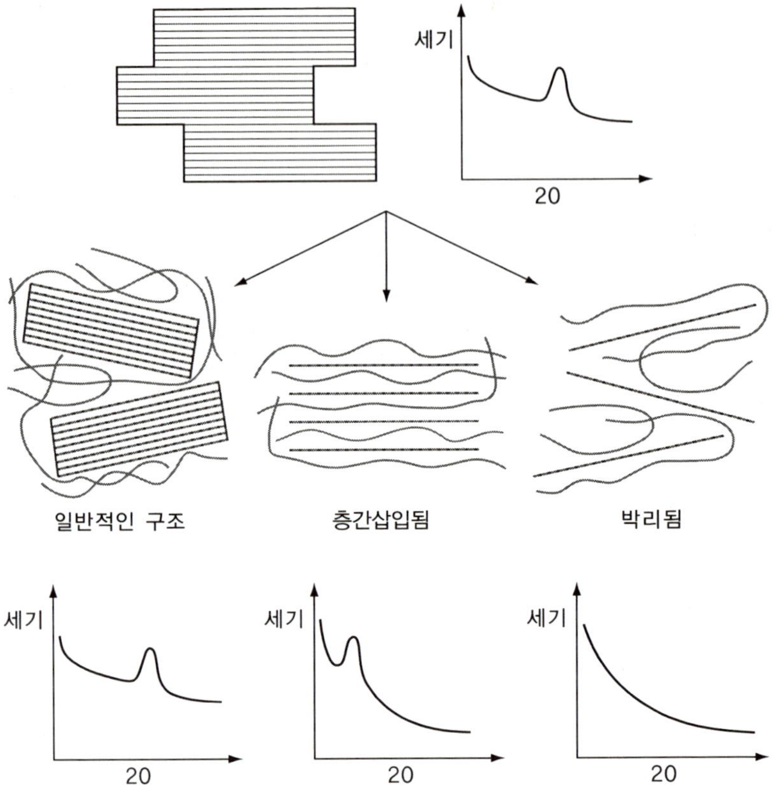

▲ 유기 나노 점토의 층상 실리케이트 삽입 구조. 더 많은 고분자를 삽입할수록 층층이 분리된다. 이 분리되는 구조는 특징적인 XRD peak(그래프)를 통해 관찰할 수 있다.

이트 속으로 유기 고분자를 효과적으로 침투시키려면 유기 화합물로 전처리하여야 한다. 층간 간격gallery이 점차 증가하여 삽입 구조를 만들기도 하고 더 많은 양의 고분자가 삽입되는 경우 층층이 흩어지는 박리 구조를 만들 수도 있다.

고분자 나노 복합체의 물성은 이런 미세구조의 변화에 민감하며 이런 변화는 XRD peak의 변화로 손 쉽게 알아볼 수 있다. 그림의 그래프가 바로 XRD peak를 나타낸 것이다. 물론 TEM 사진으로 판단할 수도 있지만 많은 비용과 노력이 소모된다. 복합체의 유변 물성을 실시간으로 측정하고 이를 XRD 실험과 비교하면 삽입 구조가 점점 확대되는 것을 관찰할 수 있다.[2]

2 Y.T. Lim, OO. Park, "Rheological Evidence for the Microstructure of Intercalated Polymer. Layered Silicate Nanocomposites", *Macromolecular Rapid Communications*, Vol.21, No.5, 2000, pp.231-235.

04

고신축성 웨어러블 변형 센서

변형 센서strain sensor라고 하는 것은 변위displacement 등 **길이의 변화** 비율을 측정하기 위한 센서를 말한다. 저항체 변형 게이지라든가, 반도체 변형 게이지 외에, 정전 용량형 변위 센서, 와전류식 변위 센서, 광섬유 센서 등이 있다. 광파 간섭무늬, 모아제 무늬 등의 아주 세세한 미소 변위를 검출하는 데도 이러한 변형 센서가 활용된다. 최근에는 전통적인 용융 혼합법이 아닌 용액 혼합법, Layer-by-Layer 자기 조립법self assembly, 진공 여과법 등의 다양한 가공 방법을 개발하여 나노 구조의 제어가 용이해졌다. 이차 전지 및 디바이스 전극, 변형 센서 등으로 두루 활용이 가능한 차세대 기능성 복합 재료의 연구에 많은 관심이 모이고 있다.

특히 전도성 물질을 포함하며 스케일러블 프로세스에 의해 신축성과 조절 가능한 감도를 모두 가지는 변형 센서를 제조하는 방법을 카이스트 고분자 나노 소재 연구실에서 개발하였다.[1,2] 용액 공정을 통하여 변형 센서를 저비용으로 제작할 수 있으며, 센서가 신축성 있는 원사로 구현되므로 그 크기를 쉽게 변경할 수 있는 등 여러 장점이 있

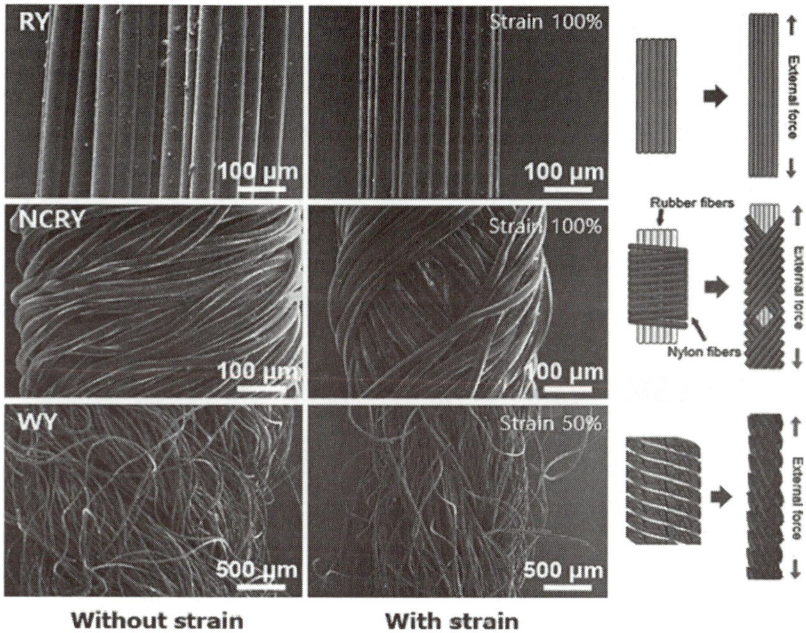

▲ 변형 센서의 확대 구조
(youtube, 2017 KAIST 4차 산업 혁명 핵심 특허 기술 설명회 박오옥 교수 편 참조)

다. 또한, 변형 센서의 감도가 용액 공정의 반복 사이클에 따라 결정되므로 감도 조절뿐 아니라 다양한 기판에 적용 가능할 것으로 기대된다. 전자기기, 로봇공학, 헬스케어 분야 등에도 적용할 수 있다.

1 J.J. Park, W.J. Hyun, S.C. Mun, Y.T. Park, OO. Park, "Highly Stretchable and Wearable Graphene Strain Sensors with Controllable Sensitivity for Human Motion Monitoring", *ACS Applied Materials & Interfaces*, Vol.7, 2015, p.6317.

2 S.W. Lee, J.J. Park, B.H. Park, S.C. Mun, Y.T. Park, K. Liao, T.S. Seo, W.J. Hyun, OO. Park, "Enhanced Sensitivity of Patterned Graphene Strain Sensors Used for Monitoring Subtle Human Body Motions", *ACS Applied Materials & Interfaces*, Vol.9, 2017, p.11176

웨어러블 시장 규모는 2024년도까지 약 1,000억 달러 규모로 성장될 것으로 예측되고 있다. 2015년까지는 시계용 웨어러블이 매출의 약 90%를 차지했을 정도로 그 분야가 제한적이었지만, 앞으로 보석, 패션, 뷰티 등의 품목으로도 성장할 것을 기대하고 있다.

05

그래핀 양자점 합성

필자의 연구실인 KAIST 고분자 나노 소재 연구실에서는 포도당을 기반으로 한 그래핀 양자점의 합성 기술을 개발하였다.[1] 이를 이용하면 안정적인 청색 빛을 내는 **그래핀 양자점 발광소자**를 제작할 수 있다. 이 소자를 디스플레이의 발광체로 응용하면, 안정적인 전압 범위에서 기존의 난제였던 청색 발광을 구현하는 것이 확인되었다. 이번 장에서는 이 성과를 소개하면서 고분자 신소재인 그래핀을 보다 깊이 있게 들여다보고자 한다.

꿈의 신소재라 불리는 그래핀은 탄소 원자들이 벌집과 같이 육각형으로 배열되어 있는 2차원 물질이다. 흑연graphite에서 얻어지므로 그래핀graphene이라고 부른다. 그래핀은 우수한 열, 전기 전도도와 투명도를 가져 차세대 전자재료로 주목받고 있는 신소재인데, 상온에서 구리보다 100배 많은 전류를, 실리콘보다 100배 빨리 전달할 수 있다. 열

1 Seok Hwan Lee et al., *Nano Lett.* “Synthesis of Single-Crystalline Hexagonal Graphene Quantum Dots from Solution Chemistry”, 2019, 19, 8, 5437–5442

전도도는 기존에 최고라고 알려진 다이아몬드보다 2배 이상 높다. 기계적 강도도 강철보다 200배 강한데다가, 신축성도 좋아 늘리거나 접어도 전기전도성을 잃지 않는다. 2010년에는 관련 연구가 노벨물리학상을 받기도 하였다.

단층 및 다층 그래핀은 도체의 특성을 가져 반도체로 적용하기 어려웠으나, 그래핀을 작은 나노 크기로 줄이게 되면 반도체의 특성인 밴드갭을 가지는 것이 밝혀졌다. 이는 발광 특성을 보이게 되었다는 것을 의미하므로, 발광소자로 활용할 수 있게 되었다. 이렇게 나노 크기로 줄인 그래핀을 그래핀 양자점[2]이라고 한다.

기존 단결정 그래핀은 구리-니켈 기반 금속 박막 위에 화학 기상 증착법CVD을 이용하거나 흑연을 물리·화학적 방법으로 벗겨내는 기술로 만들었다. 그래핀을 최초로 만들어낸 방법 자체가 흑연에 붙은 테이프를 떼어내다가 발견한 것이었다. 그러나 물리·화학적 방법으로 벗겨낸 그래핀의 경우에는 입도의 분포가 매우 크며, 결함이 매우 많아 순수한 단결정의 특성을 가지지 못했다.

새로 개발된 그래핀 양자점은 기존과는 매우 다른 메커니즘으로 합성된다. 기존의 용액 공정은 이종상 반응heterogeneous phase이어서 합성되는 카본닷과 그래핀 양자점에 많은 결함이 있었다. 이를 개선하기 위해 단일상single phase 반응을 통해 균일한 핵 성장homogeneous nucleation

2 나노미터 크기의 물질로, 기존의 덩어리 물질에서 전기적·광학적 성질이 크게 변한다. 금속의 크기가 작아지면 기존에는 없거나 매우 작았던 밴드갭 에너지가 증가하면서 도체에서 반도체가 된다.

반응을 유도하였는데, 이는 최초로 시도된 방법이었다.

먼저 포도당 수용액에 아민과 초산을 일정 비율로 혼합해 반응 중간체를 형성하고 이를 안정적인 용액으로 구현했다. 이후 형성된 중간체의 자가조립을 유도해 단결정의 용액상에서 그래핀 양자점을 합성하는 데 성공했다. 연구팀은 이 과정에서 기존의 복잡한 분리 정제법을 개선한 저온 침전 분리법을 개발했다. 마침내 동일한 레고 블럭이 쌓여서 큰 레고 블럭이 되듯이 결함이 없는 단결정 형태의 그래핀 양자점을 합성할 수 있었다.

이번 연구를 통해 개발된 합성 기술을 활용하면 크기를 수 nm에서

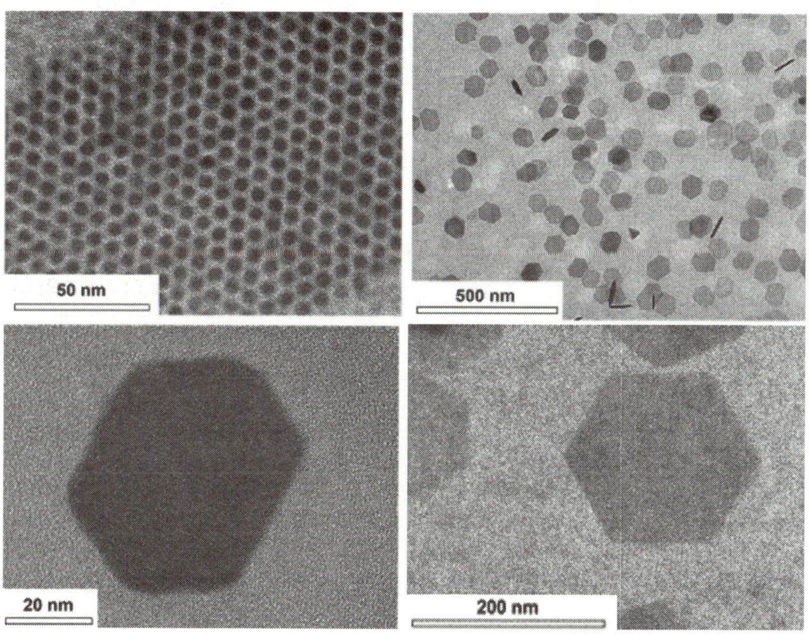

▲ 용액 화학으로 합성된 잘 정렬된 다양한 크기의 단결정 그래핀 양자점

▲ 포도당 반응 중간체로부터의 단결정 그래핀 양자점의 생성 기작 모식도

100 nm 수준까지 원하는 대로 조정한 그래핀 단결정을 얻을 수 있다. 최초로 개발된 단결정 그래핀 양자점 용액 합성법은 그래핀의 다양한 분야 접목에 크게 기여할 것이며, 이를 잘 응용하면 유연 디스플레이 또는 베리스터와 같은 반도체 성질을 갖는 그래핀의 역할이 제시될 것이다.

06

고분자 태양전지에 금 나노 입자를

태양전지solar cell는 빛의 형태로 지구에 도달하는 엄청난 양의 태양에너지를 전기에너지로 바꾸는 장치이다. 세계 인구의 급속한 증가와 개발도상국의 생활 수준의 꾸준한 향상으로 에너지 수요는 날로 급증하는 반면에 화석 연료의 사용 확대로 인한 지구 온난화 현상은 더욱 가속화되고 있다. 이런 상황에서 재생에너지의 하나로 태양에너지를 활용하는 것은 피할 수 없는 수순일 것이다. 이미 실리콘 기반의 태양전지는 상용화되어 세계 각국에서 발전소용뿐 아니라 가정용으로도 적용되고 있다. 무기 소재 기반 박막 태양전지 외에도, 제3세대 태양전지로서 고분자 또는 유기물 기반 태양전지, 염료 감응형dye sensitized 태양전지, 페로스카이트peroskite 태양전지 등이 연구되고 있다. 여기서는 주로 고분자 태양전지와 그 성능 향상을 위한 연구를 소개하고자 한다.

고분자 태양전지는 기본적으로 전자 공여체electron doner와 전자 수용체electron accepter, 두 성분이 짝을 이루는 구조이다. 빛을 받게 되면 전자 공여체 부분에서 흡수가 일어나서 엑시톤exitons을 형성하고 이들이

▲ 고분자를 활용한 태양전지의 모식도

출처: Copyright © 2011 WILEY-VCH Verlag GmbH & Co. KGaA, Weinheim

분리되어 양전하(양자)와 음전하(전자)로 나뉜다. 양자와 전자가 각각 반대 전하의 전극으로 이동하면서 외부 전자의 흐름 즉 전류가 생기고, 마침내 전기에너지를 활용할 수 있게 된다. 이 두 성분의 고분자(또는 유기물)를 어떻게 배치하는가에 따라 그 구조가 이층 박막bilayer 또는 벌크 비균일bulk hetero junction, BHJ의 형태로 나뉜다.

엑시톤의 확산 길이diffusion length는 보통 수십 나노미터 정도로 짧기 때문에 BHJ 형태가 유리하다. 하지만 최근에는 이층 박막 형태에서도 더 나은 성능을 보이는 연구가 보고되고 있다.

전도성 고분자의 반도체 성질에 기초한 고분자 태양전지는 기존의 무기 태양전지에 비해 간단한 제작 공정, 저렴한 공정 단가와 대면적화의 가능성, 그리고 뛰어난 기계적 유연성을 바탕으로 활발한 연구가 진행되고 있다.

활성층의 조성을 보면 대표적으로 P3HT나 PTB7, PCDTBT 등의 고분자가 전자 공여체로 사용이 되고 전자 수용체로는 풀러렌계fullerene 화합물인 PCBM, PC70BM 등이 사용된다.

어느 물질을 활성층에 활용하느냐에 따라서 효율이 크게 차이가 난다. 보다 높은 효율과 안정성을 지닌 활성층을 만들려면 전자 공여체와 전자 수용체가 효과적으로 만나야 한다. 이를 위하여 이들을 공중합하거나, 고분자로부터 저분자 풀러렌계 전자 수용체가 분리되어 나오는 현상을 방지하기 위해 분자량이 큰 고분자 계열의 비풀러렌non-fullerene계 전자 수용체를 사용하기도 한다.

태양광의 넓은 스펙트럼에 비하면 활성층의 흡수 스펙트럼은 좁다. 따라서 태양광을 부분적으로 흡수할 수밖에 없다는 단점도 있다. 게다가 엑시톤의 짧은 확산 길이로 인하여 생성된 전하의 분리 및 수집 효율이 낮은 까닭에 무기 태양전지에 비하여 전환 효율이 떨어지는 문제가 발생하기도 한다. 따라서 양극의 나노 패턴 도입을 통한 광 산란 효과의 증대, 스탬핑 전사stamping transfer 기법으로 새로운 형태의 농도 기울기를 갖는 활성층의 도입, 활성층 전사를 통한 TiO_x 층의 기능 향상, 팽윤 현상swelling을 이용한 고분자 활성층의 결정성 강화 등의 공정을 통해 이러한 단점을 극복하고자 노력하고 있다. 또한 다양한 크기와 형태를 가지는 금/은 나노 입자를 활성층 내에 도입하여 효과적인 광 산란으로 인한 광흡수의 개선과 원활한 정공 및 전자 수송을 통해 광 변환 효율을 향상시켰으며,[1 2] 중간층으로 CdSe 양자점을 도입한 연구에서는 양자점이 원활한 전자 수송을 유도함으로써 유기 태양전지의 효율 향상에 기여할 수 있었다.

1 D.H. Wang, D.Y. Kim, K.W. Choi, J.H. Seo, S.H. Im, J.H. Park, OO. Park, A.J. Heeger, "Enhancement of Doner–Acceptor Polymer Bulk Heterojunction Solar Cell Power Conversion efficiencies by Addition of Au nanoparticles", *Angewandte Chemie International Edition*, Vol.50, 2011, pp.5519-5523. (뒷표지에 'hot paper'로 소개)

2 D.Y. Kim, W. Li, Y. Ma, T. Yu, Z.-Y. Li, OO. Park, Y. Xia, "Seed-Mediated Synthesis of Gold Octahedra in High Purity, and with Well-Controlled Sizes and Optical Properties", *Chemistry - A European Journal*, Vol.17, 2011, pp.4759–4764. (Very Important Paper로 강조되어 소개)

07

광자 결정 이야기

광자 결정의 제조 방법은 나노기술 분야의 핵심 기술로 꼽힌다. 나노기술을 중심으로 하는 광통신 분야가 발달하면서, 광학 회로나 필터 등으로 광자 결정이 사용될 수 있기 때문에 이에 관한 연구가 전 세계적으로 활발하게 수행되고 있다.

2002년, 당시 KAIST 박사과정을 수료 중이던 임상혁은 광자 결정에 관한 논문을 미국의 물리학회 *Applied Physics Letter*에 발표하였다.[1] 이 논문은 네이처Nature의 자매지인 네이처 머테리얼스Nature Materials에도 실렸는데, 이 학술지는 매주 2~4개의 주목받는 논물을 웹상에 소개하는 곳이어서 화제를 모았던 기억이 난다.

광자 결정의 새로운 제조 방법을 골자로 하는 해당 연구는 나노 크기 입자의 자기 조립에 주목하고 있다. 자기 조립self-assembly이란 말 그대로, 나노 입자들이 스스로 조립하여 광자 결정을 형성하는 상향식

1 S.H. Im, OO. Park, "Three Dimensional Self-Assembly by Ice Crystallization", Applied Physics Letters, Vol.80, No.22, 2002, pp.4133-4135.

◀ 구형 자기 조립체의 전자 현미경 이미지

방법을 뜻한다.

수백 나노미터(10억분의 1 m)의 균일한 입자가 자기 조립을 통해 광자 결정을 만든다. 이때 어떻게 나노 크기의 입자를 자기 조립시키는가에 광자 결정의 순도가 결정된다. 종전의 방법에서는 용매를 증발시키면서 자기 조립을 진행하였는데, 용액에 섞여 있는 불순물이 광자 결정에 포함되는 것이 가장 큰 난점이었다. 이 연구에서는 용매를 증발시키는 대신 얼리면서 입자들이 자기 조립하도록 하였는데 이 발상의 전환이 좋은 성과로 이어졌다.

그는 불순물이 섞여 있는 용액을 얼릴 때, 순수한 용매(물)만이 얼고 불순물은 분리되는 현상에 착안하여 해당 연구를 진행할 아이디어를 얻었다고 한다. 이는 화학적으로 잘 알려진 현상이지만, 이를 광자 결정 합성에까지 응용할 생각을 했다는 것은 놀라운 일이다. 물의 어는 속도를 조절하면 평판형, 굽은형, 구형 등 다양한 구조의 자기 조립체를 만들 수 있어 나노기술 및 생명공학적 연구에 더욱 다양하게 적용될 것으로 기대하고 있다.

08

고분자 전기 발광 소자

우리 일상에서 사용하는 형광등이나 조명등같이 밝은 빛을 내는 전기 발광electroluminescence, EL 소자는, 학술적으로 말하자면 전기에너지를 빛으로 바꾸는 전자 소자이다. 즉 태양전지의 반대 과정을 수행한다. 최근의 전기 발광 소자는 유·무기 소재를 가리지 않고 다양하게 만들어지고 있으며, 넓은 시야각, 저전력 구동, 낮은 생산가격 등의 장점으로 차세대 디스플레이 기술로써 크게 각광받고 있다.

특히 공액conjugated 고분자에 기반을 둔 발광 다이오드light emitting diode, LED는 낮은 전압에서 넓은 면적의 평평한 디스플레이를 만들 수 있고 유연 소자 구현이 가능하다는 장점으로 인해 최근 많은 연구가 진행되고 있다. 공액 구조를 가진 고분자에 전기를 통하게 되면 특정한 파장(특정한 색)을 가진 빛이 방출되는 현상을 경험하게 된다. 하지만 그 효율이 그리 높은 편은 아니라서 아직 대폭적인 연구가 필요하다.

고분자 전기 발광 소자polymer light emitting diode, PLED는 보통 다층으로 구성된다. 가운데 전기발광층을 중심으로 홀전달층HTL과 전자전달층

ETL, 그 밖의 홀주입층HIL 과 전자주입층EIL 그리고 양극과 음극의 전극으로 이루어진다. 일단 활성층에서 만들어진 전자와 홀은 다시 엑시톤으로 재조합되기 전에 각 층으로 이송되어야 한다. 이런 소자는 주로 조명이나 디스플레이로 사용할 수 있다.

고분자 전기 발광 소자는 얇고 가벼우며, 비용이 저렴하고 큰 면적으로 제조할 수 있다. 또 유연성flexibility과 신축성stretchability 등이 좋아 활용이 용이하다는 점에서 최근 차세대 광원으로 학계와 산업계의 많은 주목을 받고 있다.

고분자 기반 발광 소자의 광학 구조를 개선해 발광 효율을 높이기 위한 다양한 연구가 진행되고 있다. 용액 공정을 활용해 광학 구조를 제조하는 것이 상용화된다면 낮은 가격, 쉬운 공정을 통한 광자 효율의 개선을 도모할 수 있을 것이다. 특히 유기 발광소자의 높은 전력효율을 실현하기 위하여, 광 추출 효율을 높이고 낮은 전압에서도 구동할 수 있도록 하여야 한다.

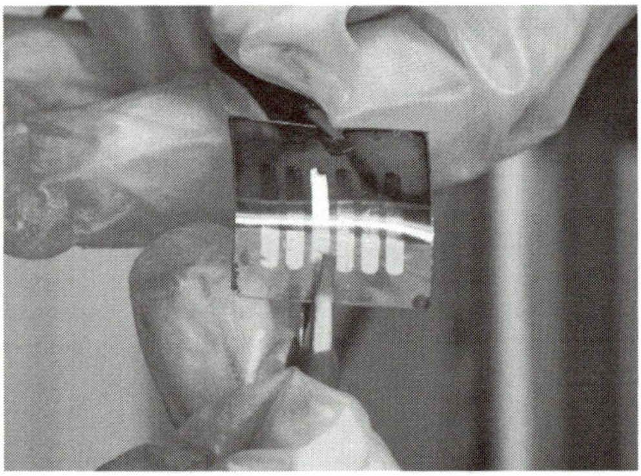

▲ 고분자 발광 소자의 모습

고분자 전기 발광 소자는 다층 박막 구조이기 때문에, 층마다 굴절률도 다르다. 이로 인해 생성된 빛이 온전히 방출되지 못하고 전반사 등에 의해 80% 정도가 가두어지거나 흡수된다. 즉, 광추출 효율이 지극히 낮은 것이다. 이를 개선하기 위해 이산화 타이타늄 역오팔inverse opal층과 같이 새로운 층을 도입하는 등 다양한 물리적 방법으로 빛의 산란을 유도하기도 한다.[1]

나아가 고분자, 금속 나노 입자 및 탄소 나노 튜브 등을 이용한 유연 전극을 이용해 구부림이나 늘림이 가능한 발광 소자 구현 및 특성에 관한 연구도 진행하고 있다. 이외에도 물결 모양corrugated 구조의 도입,[2] 저굴절 층의 도입, 광산란 층의 도입, 마이크로 렌즈micro lenses의 부착 등 다양한 방법이 강구되고 있다.

낮은 구동 전압을 실현하기 위해서는 새로운 물질을 도입할 필요가 있다. 나노 패터닝 방법을 적용하여 용액 공정을 통한 광 추출 구조를 도입하거나,[3] 발광층의 크로스 패터닝 기술이 전반적으로 낮은 공정 단가로 큰 면적의 고효율 유기 발광 소자를 제작하기 위해 사용되고

1 W.J. Hyun, H.K. Lee, S.S. Oh, O. Hess, C.-G. Choi, S.H. Im, OO. Park, "Two-Dimensional TiO_2 Inverse Opal with Closed Top-Surface Structure for Enhanced Light Extraction from Polymer Light-Emitting Diodes", *Advanced Materials*, Vol.23, 2011, pp.1846-1850.

2 W.J. Hyun, S.H. Im, OO. Park, B.D. Chin, "Corrugated Structure through a Spin-Coating Process for Enhanced Light Extraction from Organic Light-Emitting Diodes", *Organic Electronics*, Vol.13, 2012, p.579.

3 W.J. Hyun, S.H. Im, OO. Park, B.D. Chin, "Solution-Processible Corrugated Structure and Scattering Layer for Enhanced Light Extraction from Organic Light-Emitting Diodes", *Journal of Information Display*, Vol.13, 2012, p.151.

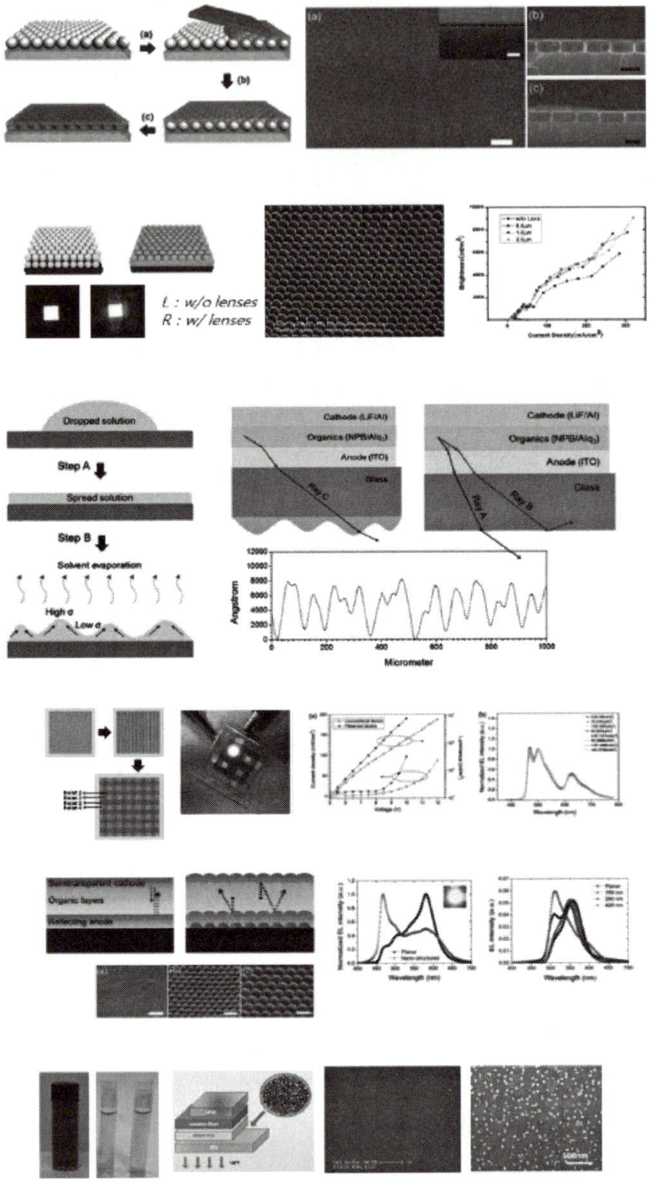

▲ 다양한 방식으로 개발되고 있는 고분자 발광 소자

있다.[4] 또한 삼차원 콜로이드 결정과 소프트 리소그래피 공정을 활용한 탑 에미팅top-emitting 유기 발광 소자의 백색광 구현에 관한 연구도 주목할 만하다.[5] 최근에는 무기 금속 나노 입자 및 수용액상 양자점을 활용한 고기능성 하이브리드 발광 소자의 개발도 특기할 만하다.[6]

현재는 OLED라 하여 유기물 전기 발광 소자가 실제 상업화되어 휴대폰, TV 등에 널리 사용되고 있다. 아직은 백라이트에 양자점을 덧씌운 양자점 TV 정도로의 활용에 그치고 있지만, 온전한 고분자 발광 소재를 활용한 디스플레이의 실현도 곧 가능해질 것으로 기대하고 있다.

4 W.J. Hyun, J.K. Park, OO. Park, B.D. Chin, "Low-Driving-Voltage and Color-Stable White Organic Light-Emitting Diodes with a Cross-Patterned Multi-Emissive Layer", *Journal of Physics D: Applied Physics*, Vol.45, Art. No. 025101, 2012.

5 W.J. Hyun, J.J. Park, S.H. Im, OO. Park, B.D. Chin, "White Emission from Nano-Structured Top-Emitting Organic Light-Emitting Diodes Based on a Blue Emitting Layer", *Journal of Physics D: Applied Physics*, Vol. 46, Art. No. 095107, 2013.

6 T.-H. Kim, J.H. Park, OO. Park, "Color-tunable electro-phosphorescent device fabricated by a photo-bleaching method", *Thin Solid Films*, Vol. 520, 2011, p.452.

09

금속 나노 입자

금속 나노 입자metal nanoparticles는 벌크bulk 상태의 물질에 비하여 광학 특성, 촉매 특성, 전자기적 특성 등이 아주 우수하므로 많은 관심을 받고 있다. 금속 나노 입자의 특성은 모양과 크기, 구성, 구조와 같은 조건의 변화에 의존한다. 따라서 이러한 매개 변수parameter 어느 하나를 조정하여 금속 나노 입자의 특성을 필요에 맞게 제어할 수 있다.

그중에서도 크기와 모양을 조절하여 우수한 특성을 보이는 금속 나노 입자를 합성하고, 이를 응용하는 연구에 많은 관심이 모이고 있다.[1][2] 금속 나노 입자의 합성법으로는 경제적이며 입자의 크기나 형태를 쉽게 제어할 수 있는 액상 합성법이 주로 사용된다. 전구체 농도,

1 K.W. Choi, S.W. Kang, D.Y. Kim, S.H. Im, Y. Park, S.W. Han, OO. Park, "Size-controlled gold nano-tetradecapods with tunable optical and electromagnetic properties", *Journal of Materials Chemistry C*, Vol.4, 2016, p.3149. (표지 논문)

2 D.Y. Kim, T. Yu, E.C. Cho, Y. Ma, OO. Park, Y. Xia, "Synthesis of Gold Nano-hexapods with Controllable Arm Lengths and Their Tunable Optical Properties", *Angewandte Chemie International Edition*, Vol.50, 2011, p.6328.

▲ 팔이 14개 달린 금 나노입자를 형상화한 JMC 표지

출처: Reproduced with permission from the Royal Society of Chemistry

반응 온도, 반응 시간, 첨가물 농도 등을 조절하여 크기나 형태를 제

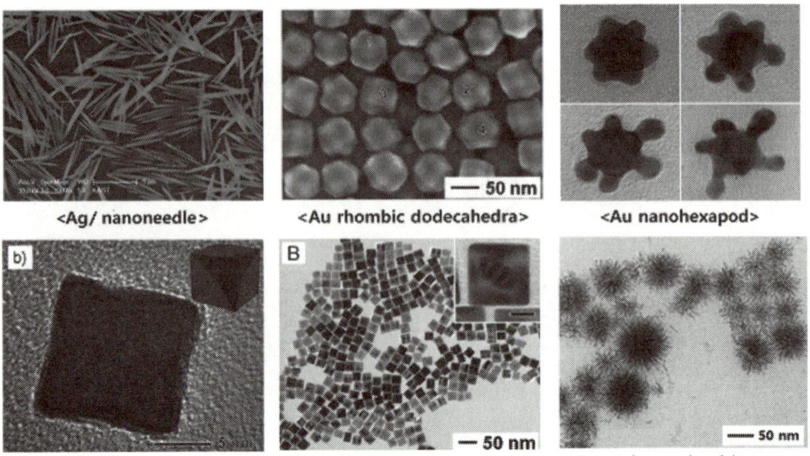

<Ag/ nanoneedle> <Au rhombic dodecahedra> <Au nanohexapod>

<Pt concave nanocube> <Au@Pd core-shell nanocube> <Pd nanodendrite>

▲ 여러 가지 금속 나노 입자의 전자 현미경 이미지

어할 수 있다.

이렇게 합성된 금속 나노 입자는 금속의 종류에 따라 다양한 분야에 응용될 수 있다. 우수한 광학 성질을 가지고 있는 금, 은 나노 입자의 경우 바이오 센서biosensor, SERSsurface-enhanced Raman scattering, 약물 전달 시스템drug delivery system 등 여러 분야에 사용된다. 특히 금 나노 입자는 여러 모양의 입자를 만들 수 있는데, 이 중에서도 팔 14개가 달린 입자를 제조하여 화폐의 보안성 재료나 광열 치료용 소재 등에 활용하는 것을 기대하고 있다.[3]

또 우수한 촉매 특성을 가지는 팔라듐, 플라티늄 나노 입자 역시 연

3 유튜브 팔 14개 달린 금 나노입자 개발 화폐 보안 광열 치료 활용 기대/ YTN 사이언스

료 전지의 산화 환원 촉매, C–C coupling과 같은 유기 반응의 촉매, 가스 센서 등 다양한 분야에 적용할 수 있어 앞으로도 많은 연구가 필요한 분야이다. 또한 실험실의 회분식batch 스케일을 넘어 연속식 반응기continuous reactor에서도 합성할 수 있어야 상용화할 수 있으니 관련 연구도 성행하고 있다.

10

콜로이드 결정과 소프트 임프린트

콜로이드 입자들이 규칙적으로 배열된 구조를 가진 **콜로이드 결정** colloidal crystals은 독특한 구조와 그에 따른 특성으로 인해 신소재로 많이 연구되고 있다. 콜로이드 결정을 만들려면 먼저 수백 나노미터에서 수 마이크론 정도의 균일한 크기를 가진 구형 입자를 제조해야 한다. 그 소재가 실리카이든 폴리스타이렌 같은 고분자이든 상관은 없다.

이차원 콜로이드 결정은 **자기 조립**self assembly 현상에 의하여 형성되며, 리소그래피를 위한 마스크, 이차원 규칙 배열regular array이나 마이크로 렌즈 제조를 위한 형판 등으로 이용된다. 삼차원 콜로이드 결정은 촉매의 담지체와 같은 다공성 물질 제조를 위한 형판으로 사용되었었는데, 최근에는 특정한 파장의 빛만을 선택적으로 반사할 수 있는 독특한 광학 특성으로 인해 차세대 광학소자 분야에서 **광자 결정** photonic crystal으로 널리 사용될 가능성을 보이고 있다.

비교적 만들기 쉬운 고분자 콜로이드 입자를 이용하여, 결함이 최소화된 질 높은 이·삼차원 콜로이드 결정을 제조하고 이를 응용하기 위한 연구가 많이 진행되고 있다.[1 2] 또한 콜로이드 결정과 소프트 리소

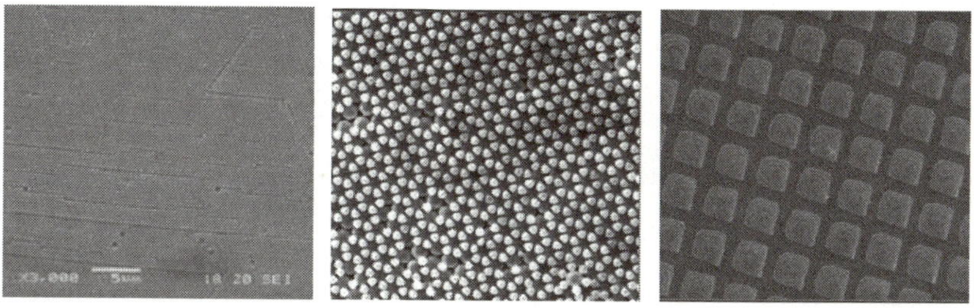

▲ 콜로이드 결정을 이용한 나노 패턴

그래피 방법을 결합한 나노 패터닝 연구에도 많은 관심이 모이고 있다. 이렇게 마이크로 또는 나노 크기의 미세 형상을 제조하는 기술은 MEMS, 반도체, 광학 및 센서 등의 응용 분야에 가장 핵심적인 기술이다.

이를 구현하고자 한다면 고분사 및 기능성 재료의 마이크로/나노 구조체 제작 기술을 먼저 연구하여야 한다. 기존의 포토리소그래피 기술은 경제적·기술적인 부분에서 한계가 있으며, 유기물에 응용하는데 어려움이 있다. 이러한 문제점들을 해결하기 위해 실리콘 고무 몰드PDMS를 이용한 마이크로/나노 패턴 제작 기술에 관한 연구도 수행되고 있다.[3] 특히 소프트 임프린트soft-imprint라는 기술을 이용하여 마

1 M.H. Kim, H.K. Choi, OO. Park, S.H. Im, "Fabrication of Robust, High-quality 2-D Colloidal Crystals via Confined Convective Assembly", *Applied Physics Letters*, Vol.88, No.14, 2006, pp.127-143.

2 M.H. Kim, S.H. Im, OO. Park, "Fabrication and Structural Analysis of Binary Colloidal Crystals with Two-dimensional Superlattices", *Advanced Materials*, Vol.1720, P.2501-2505, 2005.

이크로 이하의 고분자 패턴의 제작 및 응용이 활발하게 연구되고 있다.

3 W.M. Choi, OO. Park, "Micropatterns of Colloidal Assembly on Chemically Patterned Surface", *Colloids and Surfaces A: Physicochemical and Engineering Aspects*, Vol.277, No.1-3, 2006, P.131-135.

11

금 나노 입자

마이크론 크기 이상의 보통 입자들보다 10분의 1에서 1000분의 1 수준으로 작은 나노 입자는, 부피 대비 표면적이 아주 크다는 특성으로 인해 다양한 활용방안을 모색하고 있다. 특히 배리어barrier 성질이나 각종 다른 물성에서 획기적인 전환을 이뤄낼 수 있을 것으로 기대된다. 고분자 태양전지의 경우에도 금 나노 입자의 도입으로 그 성능이 크게 향상된다는 사실이 실험적으로 밝혀졌다.

그런데 이런 나노 입자는 그 물성에 있어서 크기뿐 아니라 조성(두 금속 성분으로 구성된 경우)도 매우 중요하다. 그리고 입자의 모양, 특히 원자들이 결정을 이루면서 모이는 경우라면 그 결정의 모양이 아주 중요하다.

금 나노 입자에서는 그 입자 크기에 따라 다양한 색깔로 나타나는 것이 제일 먼저 눈에 띄는 변화이다. 금 용액에서 금 나노 입자가 형성될 때 주위 환경에 따라 그 모양이 변화하는 과정이 자세히 밝혀졌다.

금 나노 입자는 십이면체rhombic dodecahedral에서 정팔면체octahedral 형태로 변화하는데 그 과정에서 환경에 따라 두 가지 경로로 나누어진

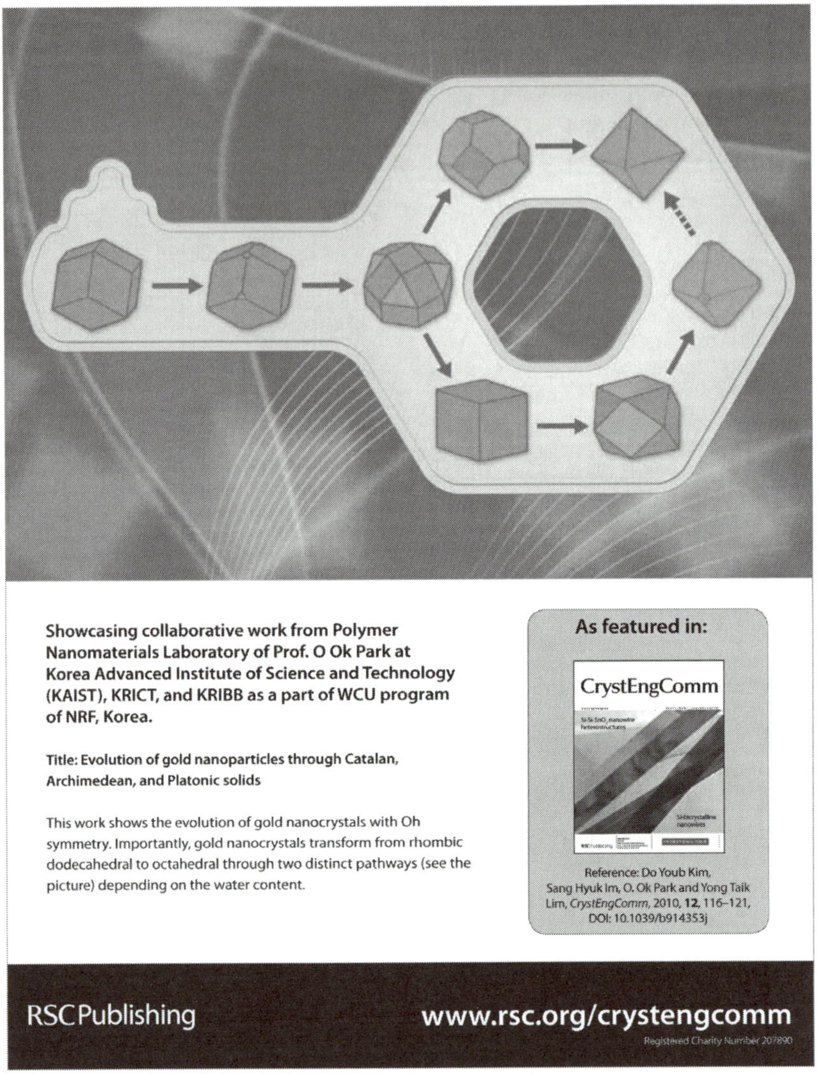

▲ 금 용액에서 금 나노 입자가 형성되는 과정

출처: D.Y. Kim, S.H. Im, OO. Park, Y.T. Lim, "Evolution of gold nanoparticles through Catalan, Archimedean, and Platonic solids", *CrystEngComm*, Vol.12, 2010. Reproduced with permission from the Royal Society of Chemistry

다. 이 두 길 중에서 어느 경로를 택하는지는 함유하는 물 분자의 농도에 따라 결정된다는 사실이 실험적으로 밝혀졌다. 한 경로에서만 정육면체의 금 나노 입자가 만들어질 수 있다. 물 분자가 이렇게까지 결정적인 역할을 한다는 것은 참으로 경이로워 보이기까지 하다.

사각형 6개로 이루어진 정육면체cube, 삼각형 4개로 이루어진 정사면체tetrahedron, 삼각형 8개로 이루어진 정팔면체octahedron, 오각형 12개로 이루어진 정십이면체dodecahedron, 삼각형 20개로 이루어진 정이십면체icosahedra의 5가지 정다면체를 플라톤 입체Platonic solids라고 이야기한다. 이외에도 다양한 종류의 입자들이 금 나노 입자의 형성과정에서 발견되는데 삼각형과 사각형으로 또는 사각형과 육각형으로 이루어진 입자들도 흔하다. 마름모 십이면체rhombic dodecahedron는 마름모가 모인 모양이다. 더 자세한 금 나노 입자의 형태 발전 과정이 궁금하다면 "Evolution of gold nanoparticles through Catalan, Archimedean, and Platonic solids"이라는 논문을 참고하길 바란다.

12

고분자/탄소 나노 복합체

고분자 나노 복합체polymer nanocomposites 중에서도 1차원 나노 카본인 나노 튜브CNT 또는 2차원 나노 카본인 그래핀graphene을 활용한 나노 복합체는 주목할 만하다. 많이 알려진 사실이지만, 규칙적인 나노 카본인 탄소 나노 튜브나 그래핀은 금속과 비금속의 장점을 동시에 가지며, 매우 뛰어난 전기적, 물리적 특성이 있어 꿈의 신소재로 각광받고 있다.

이들은 크기가 나노 재료에 합당하게 작으며, 전기적으로 매우 좋은 도체이고, 다이아몬드보다 좋은 열전달 물질이다. 공유 결합 구조이므로 탄소-탄소의 결합 강도가 높아 인장강도가 고강도 합금에 비해 20배 이상 우수하고 허용 전류밀도도 어떤 금속보다 크다. 이와 같은 이유로 CNT는 기존 고분자 소재의 물리적, 기계적 성질을 향상시키기 위하여 첨가되는 충전제로서 중요한 위치를 차지하고 있다. 다만 아직도 가격이 다소 비싼 것이 상용화에 걸림돌이 되고 있다.

고분자 복합체 내에서 탄소 나노 재료의 우수한 특성을 제대로 발현하기 위해서는 분산 정도를 효과적으로 제어해야 한다. 이를 위해 쉽

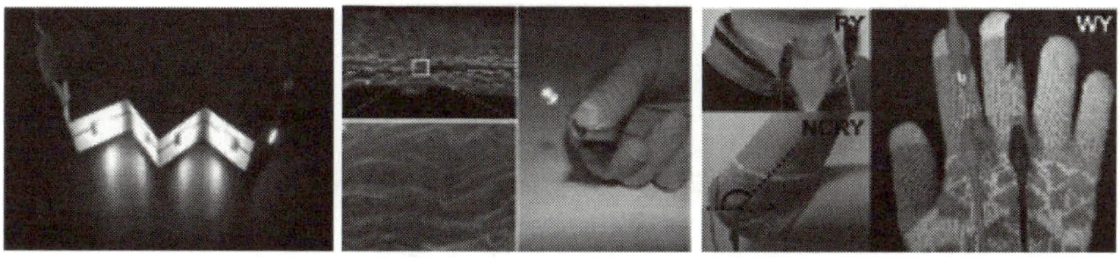

▲ 고분자/탄소 나노 복합체의 다양한 응용

게 분산되지 않는 탄소 나노 재료의 표면 특성을 물리적·화학적 방법을 이용하여 변화시킨다. 이 과정을 거치면 고분자 매트릭스와 탄소 나노 재료의 상호작용이 향상된다.

따라서 탄소 나노 재료의 표면을 개질하여 대상 고분자 매트릭스와의 상용성을 향상시키거나,[1] 몰폴로지 제어를 통해 전기적 특성과 기계적 특성이 우수한 고분자/탄소 나노 복합체polymer/carbon nanocomposites를 개발하고 있다.[2 3 4] 최근에는 전통적인 용융혼합법이 아닌 용액

1 W.J. Hyun, OO. Park, B.D. Chin, "Foldable Graphene Electronic Circuits Based on Paper Substrates", *Advanced Materials*, Vol.25, 2013, pp.4729-4734.

2 S.C. Mun, M. Kim, C.S. Lee, M.H. Lee, Y. Son, OO. Park, "Preferential Positioning of γ-ray Treated Multi-walled Carbon Nanotubes in Polyamide 6,6/Poly(p-phenylene ether) Blends", *Macromolecular Research*, Vol.21, 2013, pp.356.

3 T.H. Yoo, M. Kim, OO. Park, Y. Son, "Effect of γ-ray MWCNTs on electrical conductivity of a PET/graphite composite", *Materials Letters*, Vol.67, 2012, p.219.

4 M. Kim, S.C. Mun, C.S. Lee, M.H. Lee, Y. Son, OO. Park, "Electrical and Rheological Properties of Polyamide 6,6/γ-ray Irradiated MWCNT composites", Carbon, Vol.49, 2011, p.4024.

혼합법, Layer-by-Layer 자기조립법, 진공여과법 등의 다양한 가공 방법에 관한 연구도 진행되고 있다. 또한, 조절이 쉬운 나노구조를 만들고, 그 제어를 통하여 2차 전지 및 디바이스 전극, 변형 센서 등에 사용할 수 있는 차세대 기능성 복합재료로의 활용 가능성 연구가 주목받고 있다.

지울리오 나타

Giulio Natta, 1903~1979, 임페리아 출생

이탈리아의 화학자로, 1924년 밀라노공과대학교에서 화학공학을 수학하였다. 이후 로마대학교 등을 거쳐 1938년 밀라노공과대학교의 교수가 되었다. X선에 의한 결정 구조 연구, 합성 고분자의 연구에 종사하였다. 폴리프로필렌 등의 합성 섬유, 에틸렌 프로필렌 등의 합성 고무의 제조법을 여럿 발명하였다. 또한 고분자 입체 규칙성의 개념을 확립하여, 규칙성이 없는 것은 무규칙 배열 atactic 중합체, 규칙성이 있는 것은 교대 배열 syndiotactic 중합체와 동일 배열 isotactic 중합체로 분류하여 입체구조의 차이에 의한 성질의 구별을 명확히 하였다. 1963년에는 독일의 칼 치글러와 함께 노벨 화학상을 받았다.

5부

화학공학과 고분자

01

화학공학이란?

산업혁명 이전, 이 지구상에는 단지 2억여 명의 인구가 그럭저럭 행복하게 살고 있었다. 이 정도의 인구가 어쩌면, 소위 자연 친화적 유기농 삶으로 생존할 수 있는 적정 규모였을지도 모른다. 영국에서 시작한 산업혁명으로 1850년에는 세계 인구가 약 12억 명으로 급증하였고, 계속되는 의학의 발달로 1950년에는 약 25억 명을 기록한 뒤, 2021년 현재 78억 명이 이 지구상에 살고 있다.

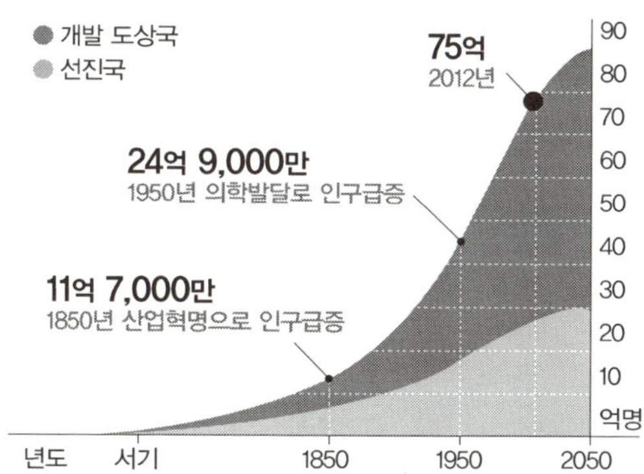

▲ 세계 인구 증가 추이

어떻게 같은 지구상에 기하급수적으로 증가한 인구가 모두 살 수 있는지 참으로 경이롭다. 인류의 의식주 문제는 해수의 담수화 등으로 인한 깨끗한 물의 공급, 페니실린 같은 의약품의 대량 생산에 의한 질병 퇴치, 화학비료 개발 등에 따른 대폭적 식량 증산, 고분자 같은 천연 대체 재료의 대량 생산 기술 개발 등으로 해결되고 있으며, 이 원동력은 모두 다양한 공학 기술의 발전이라 할 수 있다. 공학 기술은 이렇게 인간 생존에 필수적인 의식주를 해결할 수 있도록 다양한 종류의 제품을 경제적으로 생산할 수 있게 해준다.

공학은 크게 토목공학, 기계공학, 화학공학, 전자공학, 및 산업공학의 5개 분야로 구별된다. 그중 화학공학은 물질의 변환을 주로 다루는 공학이다. 특히 화학적 변환을 주로 다루며, 이를 바탕으로 물리적 변환 그리고 생물학적 변환도 같이 다룬다.

어떤 물질이라도 순도에 따라 그 가치는 엄청나게 차이가 난다. 임계 순도 이상에서만 기능적 가치를 나타내는 물질도 있다. 99.9999%의 고순도 기체의 제조나 천연 재료에서 향료나 의료물질을 추출하는 등이 그 예라 할 수 있다. 이는 같은 제품이라도 일반적인 제품과 명품이 따로 있는 이치와 같다.

범용성을 가진 소재를 대량 생산해야 할 때도 있으며, 특정한 기능성을 가진 소재가 소량만 필요할 때도 있다. 예를 들어 에너지 분야, 의료분야 등에서는 아주 특수한 성능을 가진 첨단 소재가 필요하다. 컴퓨터의 발달에 따른 대용량 메모리 소자를 위해서나, 에너지 저장 기술의 하나인 이차전지에서의 대용량 에너지 저장을 위하여 새로운 소재나 공정의 개발은 절실하다.

화학공학이란 기체, 액체 및 고체뿐만 아니라 액정, 결정성 고체, 유연한 고분자 소재 등 우리 일상생활 및 다양한 산업에서 필요한 소재를 경제적으로 생산하는 공정을 담당한다. 풍요롭고 편리한 사회를 영위할 수 있게 하는 진정한 부가가치를 창출하는 공학 기술인 것이다. 또한 증가하는 인구와 이들에 의한 에너지 과소비 등으로 인해 지구온난화 같은 환경 오염이 점점 심각해지는 상황에서 이를 해결할 수 있는 공정 기술을 담당한다고도 볼 수 있다.

인류가 직면하고 있는 10대 이슈들은 흔히 에너지, 물, 식량, 환경, 빈곤, 테러와 전쟁, 질병, 교육, 민주주의 그리고 인구의 증가라 한다. 이들 이슈 중에서 공학, 특히 화학공학은 에너지, 물, 식량, 환경 및 질병 이슈를 해결할 실마리를 쥐고 있다. 즉, 화학공학의 중요성이 어느 때보다 크다 하겠다.

고분자를 비롯한 석유 화학 제품이나 생물 공학 제품을 포함하는 다양한 형태의 소재를 변환하는 공정 기술을 개발하려면 우선 물질의 수지 개념을 익혀야 한다. 또한 생물학, 화학에서 얻어진 합성 제조 지식을 활용하여 촉매나 효소에 의한 반응공학, 물질의 변환과 이송에 대한 지식, 유체 및 열전달 현상, 공정 제어 및 최적화, 효과적 공정 합성 등 다양한 능력 역시 함양하여야 한다.

02

분자의 크기와 유해성: 피톤치드와 고분자

피톤치드phytoncide는 식물이 자신의 생존을 어렵게 만드는 박테리아, 곰팡이, 해충 등을 퇴치하기 위해 의도적으로 만들어내는 살생 효능을 가진 휘발성 유기 화합물을 말한다.[1] '식물성 살생물질'이라 할 수 있는 것으로 '식물의'를 뜻하는 'phyton'과 '죽이다'를 뜻하는 'cide'의 합성어이다. 1937년 러시아 레닌그라드 대학교의 생화학자 **보리스 토킨**Boris P. Tokin이 처음 사용한 뒤로 관용처럼 굳어져 사용되고 있다.

향신료, 양파, 마늘, 녹차나무, 참나무, 향나무, 소나무 등에서 피톤치드가 방출된다. 마늘에 포함된 알리신allicin이나 다이알릴 다이설파이드diallyl disulfide, 소나무에서 방출되는 테르펜류의 휘발성 유기 화합물이 대표적인 피톤치드라 할 수 있다. 지금까지 5천 종이 넘는 피톤치드가 알려져 있다.

산림욕을 하면 많은 양의 피톤치드를 흡입하게 되어 건강에 도움이

1 대한화학회 제공 네이버 화학백과 「피톤치드」

된다는 속설이 널리 퍼져 있다. 우리나라를 비롯한 아시아 지역에서는 전통 의학이나 **아로마테라피**aromatherapy에서 피톤치드를 사용하기도 한다. 그러나 식물이 많은 숲에서의 산림욕이 건강에 도움이 되는 것이 피톤치드 때문이라는 것은 과학적으로 그리 신빙성이 높은 얘기는 아니다. 오히려 먼지와 소음이 없는 숲속의 환경이 심리적으로 안정감을 주기 때문이라고 보는 것이 더 합리적이다.

따라서 밀폐된 실내에서는 많은 양의 피톤치드를 방출하도록 만든 생활 화학 제품의 사용은 경계해야 한다. 비록 피톤치드의 농도가 낮아서 살생 효능이 충분히 약하다 하더라도 밀폐된 실내에서 장시간에 걸쳐 흡입하면 호흡기에 심각한 부작용이 나타날 수 있기 때문이다. 가습기 세정제 사건에서 우리는 이미 화학 물질의 유해성을 경험한 바 있다.

피톤치드는 대표적인 천연 휘발성 저분자 유기 화합물로서, 인공적으로 합성한 것이든 식물체에서 추출해낸 것이든 무관하게 인체에 해를 끼칠 수 있다. 옛말에 과유불급過猶不及이라 하였다. 아무리 탄화수소로 만들어진 휘발성 저분자 물질이라 하여도 여러 잡초나 경쟁 식물 그리고 미생물 등에 독극물로 작용하도록 설계된 것이니, 인체에도 이롭기만 할 수는 없는 것이다.

반면에 고분자라는 아주 큰 유기 탄화수소 물질은 거의 독성이 없다. 분자가 너무 커서 다른 미생물체나 동식물에 직접적인 분자적 영향을 줄 수 없기에 무해 무익하다. 같은 이유로 해서 원래 고분자는 생분해성도 없다. 분자 크기가 너무 커서 미생물들이 침투해서 자신의 삶을 영위하는 데 이용할 수 없기 때문이다.

그래서 일반적인 고분자(플라스틱)에 생분해성을 부여하기 위해서는 생분해가 가능한 녹말 등과 같은 물질과 혼합하든가, 미생물이 침투해서 분해할 수 있도록 미생물 친화적 구조를 가져야 한다. 또는 광촉매 등을 혼합해서 빛에 의하여 먼저 일부 분해가 일어나 잘게 분쇄되도록 한 다음 가수분해나 미생물에 의한 분해가 부가적으로 일어나도록 설계하는 것이 바람직하다. 단언컨대 버려진 고분자는 그냥 보

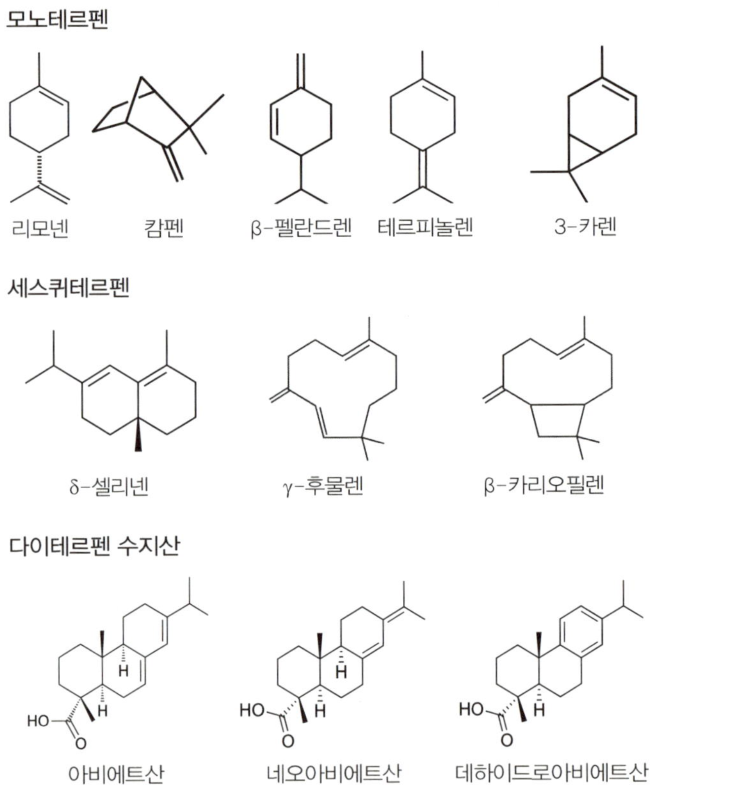

▲ 침엽수에서 발견되는 다양한 피톤치드의 화학 구조

기가 민망할 뿐 우리에게 직접적 해로움은 절대 없다는 사실을 알아 주면 좋겠다. 고분자는 유해 물질이 아니다. 고분자는 결백하다.

03

화학 강국 발돋움의 기회

지난 1999년 7월 16일 '희대의 탈옥수' 신창원이 붙잡혔을 때 그는 현란한 색깔의 쫄쫄이 티셔츠를 입고 있었다. 이탈리아 명품업체 M사의 디자인이라고 알려진 이 제품은 이후 노점상에서 '신창원 티셔츠'라고 불리며 불티나게 팔렸다.

한 시대를 풍미한 '신창원 티셔츠'는 화학이 다른 어떤 학문보다 우리 생활과 밀접한 관련이 있음을 증명한다. 고분자 화학과 합성염료의 발전으로 나일론, 폴리에스터 등과 같은 다양한 합성 섬유와 화려한 색상의 옷을 만들 수 있게 되었다.

그런데도 우리 국민 대다수는 화학을 어렵게 생각하는 것이 사실이다. '화학'하면 원소·원자·분자를 먼저 떠올리고, 더 나아가 원소 주기율표나 화학식을 생각하면서 머리를 쥐어짜기 일쑤다. 화학을 전문가의 영역으로 받아들이고 있는 것이 원인이다. 하지만 '신창원 티셔츠'를 떠올리면 화학이 '대단히 어려운 것'이 아니라 '우리 생활의 일부'라는 것을 어렵지 않게 알 수 있다.

화학이 우리 삶에 기여한 가장 큰 공로는 인간 생명의 연장이다. 새로운 의약품 개발로 1985년 66.8세에 불과하던 한국인의 기대수명이 2019년 83.3세까지 늘었다. 화학비료와 농약의 개발로 획기적인 식량 증산도 가능해졌다. 목재나 금속, 종이를 대체하는 플라스틱과 합성수지가 발명되면서 주거생활도 한층 편리해졌다.

최근 하이브리드카·전기차 등 친환경 자동차가 주목되면서 우리나라 자동차 부품업체인 LG에너지솔루션은 2020년 글로벌 전기차 배터리 순위 2위를 기록하기도 했다. 리튬이온 배터리를 중심으로 올린 연 매출액만 6000억 원에 달한다. LG에너지솔루션은 GM과 합작하여 미국의 배터리 시장을 거의 독점하다시피 하고 있다. 우리나라 첨단화학 기술의 발전을 여실히 보여주는 대목이다.

이렇듯 에너지·신소재·첨단화학·친환경 등 다양한 분야에서 화학기술이 발전하고 있고, 석유화학 산업의 경우 우리나라가 에틸렌 생산 기준으로 세계 5위권의 산업 규모를 보이고 있음에도 불구하고, 그동안 우리 화학 기술을 한데 모아놓고 체험할 수 있는 곳은 전무했다. 다른 나라의 경우 중국·일본·독일·미국에서 매년 다양한 화학 박람회가 열리고 있다. 그곳에서 세계인에게 국내기업의 우수한 기술과 제품을 알리며 '화학 강국이 세계 강국'임을 암시하면서 화학 기술의 주도권을 잡아가고 있다.

우리나라는 이미 지난 2011년 유엔이 정한 **세계 화학의 해**를 맞아 처음으로 화학 산업 전시회인 세계 화학 엑스포를 "우리의 삶, 우리의 미래, 화학과 함께"라는 주제로 대전에서 개최한 바 있다. 국내외 우수화학기업체들이 300여 개의 부스에 전시하였고 이를 통해 국내외 선도 기업 간의 기술 교류와 비즈니스의 장이 마련되었다.

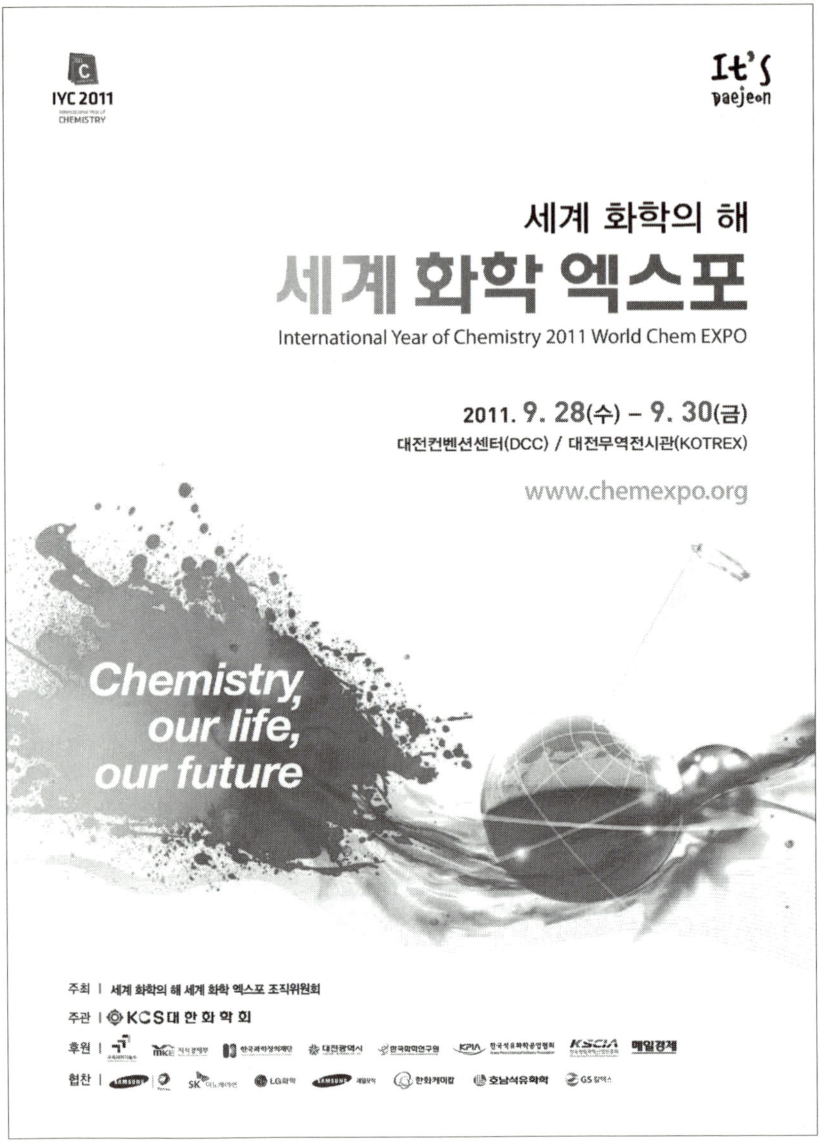

화학산업 전시회인 당시 행사에서는 그동안의 한강의 기적이라 불

리는 우리나라 경제 발전 및 산업 발전의 원동력으로서의 화학산업의 역할을 재조명하였다. 현재 화학산업의 이미지와 사회적 책임을 논하면서 앞으로의 미래 화학산업의 발전 전략을 점검하는 정책토론회를 비롯하여 그린화학 페스티벌, 첨단 과학전시회도 같이 개최하였다.

이런 세계 화학 엑스포는 일반인들에게 화학의 중요성과 역할을 알릴 수 있는 첫 국내 무대라는 점에서 그 의미가 매우 크다. 대한화학회가 주관하는 가을 정기 학술회의를 동시에 개최함으로써 5,000여 명의 국내외 화학자, 화학산업 종사자 및 화학 관련 분야 학생, 연구원들이 대거 참여하였고 화학 관련 산업계로서는 기업설명회 및 취업박람회를 통해 많은 우수 인재를 발굴하는 좋은 기회가 되었다.

현재 아시아의 최대규모 화학 박람회는 중국의 국제 플라스틱 및 고무 산업전시회인 '차이나플라스'로 다양한 종류의 석유화학 원자재와 기계들이 전시된다. 1987년에 첫 개최한 이후 2011년에 이미 25회를 맞았으며 독일의 K-Fair, 미국의 NPE와 함께 세계 3대 석유화학 박람회로 손꼽힌다. 전 세계 40여 개국 2,200여 개 업체가 참여했으며 듀폰·BASF·엑슨 모빌 등 세계적인 석유화학업체들도 참여해 세계 화학 기업들의 교류의 장을 제공하였다.

시작은 중국보다 많이 늦었지만 이런 '세계 화학 엑스포'의 성공적인 개최를 통해 우리나라 화학 기술이 인류사회의 지속 가능한 발전과 증진을 위해 힘쓰고 있음을 널리 알릴 수 있었으면 하는 바람이다. 더 나아가 화학을 통한 과학·교육·산업에서 미래형 플랫폼이 창출될 수 있도록 국내 화학 관련 산업체와 연구 기관 그리고 일반인의 많은 격려와 참여를 진심으로 바라는 바이다.

04

단열재가 두 배이면 냉매가 절반

COVID-19의 심화로 그전까지 조금씩 성장해오던 배달 음식과 온라인 식품 구매 시장이 급격하게 성장하였다. 그러면서 냉동 음식의 포장에 사용되는 발포성 고분자(수지)인 EPSexpanded polystyrene나 EPPexpanded polypropylene의 사용도 같이 늘고 있다.

냉동 음식 포장 용기를 선택할 때 가장 중요한 기준은 당연히 안의 음식물이 잘 녹지 않아야 한다는 것이다. 음식물이 배달되면서 잘 녹지 않게 유지하려면 어떻게 해야 할까? 주변의 열을 잘 차단하여 열의 유입을 막고, 용기 안에 냉매(아이스팩)를 동봉하면 될 것이다.

간단한 열 방출(전도)에 대한 법칙인 푸리에 법칙Fourier law에 의하면, 주변과 물체 사이의 온도 차가 크고 물체의 열전도도가 좋을수록, 물체의 두께가 얇을수록 열이 쉽게 전달된다. 만일 같은 열전도도의 발포제를 사용한다고 가정하면, 두께가 두 배가 될 때 열 전달량은 절반으로 줄어든다. 당연히 낮은 온도를 유지하기 위하여 사용되는 냉매의 양도 절반으로 줄게 된다. 그러면 냉매 및 이의 포장재의 회수에도 훨씬 부담이 적어질 것이다.

▲ 흔히 스티로폼이라고 부르는 배달용 포장 박스를 EPS로 만든다.
출처: Lemonsoup14/shutterstock

이런 원리는 우리가 사는 집의 냉난방비에도 그대로 적용된다. 만일 단열재의 두께가 두 배가 되면 열손실량이 절반으로 줄게 되어 난방비가 절반으로 줄어든다. 냉방의 경우에도 비슷하다. 외부의 열기가 시원해진 집으로 잘 침투하지 못하므로 냉방 효율이 나아진다. 따라서 단열재의 물성을 향상시키는 일과 동시에 가급적 두꺼운 두께의 단열재로 시공하는 것이 장기적인 관점에서는 바람직하다.

그렇다고 보온·보냉을 위한 포장용기의 두께를 무작정 늘리는 것만이 정답은 아니다. 두께를 늘릴수록 소재가 많이 소요되므로 포장 비용이 당연히 비싸지고, 무게가 늘어나기 때문에 배달에도 더 큰 인력이 소모된다. 적은 양과 얇은 두께로도 열전도도가 낮아 단열 능력이 뛰어난 발포성 고분자가 포장 용기로 주목받게 된 것은 어찌 보면 당연한 수순이라 할 수 있겠다.

가장 대표적인 발포성 고분자 수지는 폴리유레테인 폼polyurethane foam으로서 화학적 발포 공정을 이용한다. 저분자 단량체인 폴리올

polyol과 아이소사이아네이트isocyanate를 펜테인pentane과 같이 반응하면서 발포시키면 만들 수 있다. 가정용품이나 침대용 매트릭스에 잘 활용된다.

EPSexpanded polystyrene는 폴리스타이렌 발포 제품으로 유명한데, 스타이렌 단량체를 6~7% 정도의 펜테인으로 중합하면서 발포하면 만들어진다. 포장재, 열절연 소재 등으로 활용되어 건축 산업에는 필수적인 소재이다.

EPPexpanded polypropylene는 **폴리프로필렌 발포재**이며, EPS와 마찬가지로 여러 용도로 활용된다. 특히 충격강도가 높고 내화학성이 좋기 때문에 범퍼 코어나 선바이저 같은 자동차용 부품 및 무릎 쿠션 등으로 활용된다. 사출 발포, 압출 발포 및 비드 발포 등의 공정으로 제조한다. 후자의 경우 발포된 펠렛을 사용하여 부품을 제조하게 된다. EPP는 좋은 물성, 폐기물 회수의 가능성 등으로 많은 용도로 그 사용이 확대되고 있다. 이런 방식도 자동차의 연비를 향상시킬 수 있는 경량화 소재 개발을 위한 좋은 방향의 하나이다.

05

랜덤 벡터와 그 합

어느 조직이나 새해를 맞거나 새로운 지도부를 시작하게 되면 새로운 비전과 목표 등을 제시하고 그 구성원들을 독려하기 마련이다. COVID-19 대유행으로 아주 어수선하고 활동성이 약화된 사회 분위기이지만, 이런 때일수록 더더욱 구성원들이 합심으로 노력해야 한다.

자연 과학에서 어떤 물리적 성질을 다룰 때 속도, 힘, 변형 등은 벡터vector라고 하는 물리적 변수로 표현한다. 이는 온도, 압력, 질량 등 그 크기만으로 정의되는 스칼라scala와는 달리 크기와 방향을 동시에 가진다. 스칼라의 경우 그 합은 단순히 더해지는 것으로 많이 모이면 모일수록 그 양도 증가한다. 반면에 벡터의 경우 서로 합하게 되는 경우 방향에 따라 그 합해진 양이 줄어들기도 한다.

어느 조직이든 구성원들의 생각은 모두 각기 다르고, 사고의 폭도 다르므로 구성원 하나하나는 벡터적 성격을 가졌다고 할 수 있다. 따라서 이들이 총합은 각자의 방향 설정에 따라 엄청나게 다른 결과를 가져올 것이다. 만일 다른 사람들과는 전혀 무관하게 각자 자신의 독립적 방향을 고수하게 된다면 이론적으로 전체 벡터의 합은 아주 작게 될 것이다. 수학적으로 랜덤random 벡터의 합은 제로에 수렴하게 되는 것과 같다.

우리 옛말에 사공이 많으면 배가 산으로 간다는 과장된 표현이 있지만, 사실 이는 틀린 말이다. 사공이 많으면 최소한 배는 제자리를 맴돌거나 아예 움직이지 못할 것이지 결코 새로운 곳으로 나아갈 순 없다. 사공이 많아도 새로운 혁신의 방향으로만 갈 수 있다면 이 어찌 피할 일인가?

반면에 우리 각자가 소통에 의하여 조화롭게 공통된 합의 방향을 찾을 수 있다면 그 각각의 합으로 표현되는 총합은 엄청난 결과로 나타날 것이다. 변화를 모색하려 할 때는 항상 서로 소통하고 합의에 의하여 방향을 설정하는 것이 중요하다는 것을 암시하는 것이다. 이런 과정에서 서로 각기 다른 위치에서 다른 생각을 가진 이들에 대한 배려가 꼭 필요하다 하겠다. 이는 자연의 법칙와 인간 사회의 이치 사이에서의 닮은 점을 보여주는 재밌는 하나의 예시라고 볼 수 있다.

06

이중성의 역설

보통 고등학교 물리 과정에서 접하게 되는 빛의 이중성duality 문제는 참으로 신기한 현상이다. 필자도 파동으로만 알고 있던 빛이 입자의 성질도 가지고 있다는 선생님의 말씀에 의아했던 기억이 또렷하다. 이제는 광자라고 하는 입지로 빛을 이해해야만 납득이 되는 물리 현상들을 자연스럽게 접하였고 이를 의심할 일은 없다.

학문에서는 이런 종류의 이중성이 종종 찾아볼 수 있다. 수학적 해석 방법 중 특이 섭동법singular perturbation의 예를 보자. 여기서는 한 영역을 지배하는 방정식과 스케일이, 다른 영역으로 가면 적용되지 못하고 다른 스케일과 새로운 지배 방정식이 필요하게 된다. 즉, 이 방정식과 스케일은 한 영역에서는 지배자가 되지만, 다른 영역에서는 무용지물이 된다.

평생을 과학과 벗하며 살아오다 보니, 현미경으로 관찰되는 세상과 망원경으로 알아보는 세상이 이상하리만큼 유사성을 가지고 있는 것처럼 느껴질 때도 많다. 특히나 이런 이중성의 측면은 현미경 속 세상에만 머무르지 않고 거시 세상 곳곳에서 드러나 마주하는 경우가 잦다.

아래 그림은 네덜란드의 화가 M. C. Escher의 유명한 그림인 Sky and Water I이다. 이 그림에서 바다 근처의 세상(물고기)과 하늘 근처의 세상(기러기)은 전혀 다르다. 그렇지만 그 경계면에서는 경이로울 정도로 조화롭게 두 세상이 만나고 있다. 한편으로는 기러기 같고, 한편으로는 물고기 같은 형상이 이중적으로 존재하는 것이다.

▲ M.C. Escher's "Sky and Water I" 43.5 cm × 43.9 cm, 목판에 인쇄.

인간의 본성도 지킬과 하이드에서 보는 것과 같이 선과 악의 양면성을 보인다. 야누스Janus의 두 얼굴, 링컨의 두 얼굴, 동전의 양면처럼 우리 주위에 흔히 흔한 양면성은 결국 우리에게 조화로움을 요구하는 것 같다. 혁신의 이중성도 흔히 언급된다. 기득권에 대한 저항으로 생긴 혁신 세력이 점점 토착화하면 새로운 기득권을 만들게 되는 것이다.

지금의 사회는 갈기갈기 분열되어 점점 양극단으로 치닫고 있는 듯 보인다. 이럴 때 가장 절실히 요구되는 것이 어쩌면 역설적으로 회색분자인지도 모르겠다. 이중성은 따로 보면 양립할 수 없는 것처럼 보인다. 그러나 그 이중성은 하나의 이름 안에 조화롭게 존재한다는 것을 잊지 않았으면 한다.

07

화학 반응 속도는 농도와 온도의 함수

일반적으로 화학 반응의 속도는 온도가 10℃ 올라갈 때 2배로 증가한다고 한다. 이런 어림산은 잘 정리된 실험 자료가 없을 때 'rule of thumb'[1]라고도 하는 **경험 법칙** 중 아주 유용한 지식이다.

어느 정도 이론적 근거도 있다. 산과 염기에 대한 정의로 유명한 스웨덴의 화학자 아레니우스Arrhenius가 제시한 아레니우스 법칙에서, 활성화 에너지가 약 54 kJ/mol 정도인 반응은 상온에서보다 10℃도 높은 온도의 상태에서 그 속도가 약 2배 정도 올라간다.

화학 반응은 분자 간 충돌에 의하여 시작된다고 할 수 있으므로 반응 속도는 분자의 수, 즉 농도에 비례한다고 볼 수 있다. 출퇴근길 만원 지하철에서 사람들과 쉽게 부딪히듯이, 분자의 수가 많아질수록 분자 간 충돌이 증가하므로 반응 속도가 빨라지는 것이다.

결국 반응 속도는 온도에 의존하는 반응 상수와 분자 농도의 곱이

1 엄지손가락의 너비나 길이와 비교해가며 수량을 측정하던 것에서 유래된 말

될 것이다. 서로 다른 분자 사이의 반응에서는 이들 두 분자의 농도에 각각 비례한다고 할 수 있다. 즉, 반응 상수 × 한 분자의 농도 × 다른 분자의 농도가 될 것이다. 그런데 여기서 이 다른 분자들이 서로 같은 역할을 한다면, 나아가 아예 같은 분자라고 하면 어떻게 될까?

편의상 A 분자 N개, B 분자 M개로 각각 다른 분자가 있다고 하자. 이들이 서로 만나 반응하는 경우의 수는 N개의 A 분자 중 한 분자와 M개의 B 분자 중에 한 분자가 만나는 경우의 수이다. 즉, ${}_{N}C_{1} \times {}_{M}C_{1} = N \times M$이 되고, A, B의 농도에 각각 비례하는 셈이다. 여기서 이들이 만일 같은 분자라고 하면 전체 분자 수는 N + M이 된다. 이중 어느 2 분자가 만나는 경우의 수는 다음과 같다.

$${}_{N+M}C_{2} = \frac{(N+M)(N+M-1)}{2} \fallingdotseq \frac{(N+M)^{2}}{2}$$

이는 이들 분자 농도를 합한 뒤, 제곱하여 절반으로 나눈 값과 거의 같다. 이에 따라 농도의 곱에다 적용하는 반응 상수는 아까의 경우의 절반을 사용해야 한다. 이는 고분자의 반응 상수가 고분자 사슬 크기에 관여한다고 가정하고 세운 중합식을 이해할 때 꼭 필요한 관계식이다.[2]

2 OO. Park, Molecular Weight Distribution and Moment for Condensation Polymerization with Variant Reaction Rate Depending on Chain Length, *Macromolecules*, Vol.21, 1988, pp.732-735.

08

공학에서의 유사성

대칭성은 자연에서나 예술 그리고 과학에서도 잘 나타난다. 이런 대칭성은 시간이 흘러도 변하지 않는 정상 상태steady state에서 잘 관찰된다. 만약 어떤 시스템이 평판 대칭이나 원주형 대칭, 혹은 축방향 대칭 같은 기하학적 대칭성을 가진 경우에는 변수의 수를 줄일 수 있어서 해석이 훨씬 쉬워진다. 이런 유사성similitude은 좌표 변환 작업에서 변하지 않는 경우 발견되기도 하고 숨겨져 잘 보이지 않는 경우도 많다.

독립적인 매개 변수들이 관여하는 경우를 유사성 규칙이라고 말하며, 대표적인 예로는 무차원수가 있다. 공학 문제를 특정 짓는 무차원수는 아주 많다.

이들 중에서 특히 브릭만Brickman 수, 데보라Deborah 수 그리고 레이놀즈Reynolds 수는 고분자 분야에서 아주 중요한 개념이다. 고분자는 분자량이 높으므로 용융 상태에서 점도가 아주 높다. 특히 특정 임계 분자량을 넘어서면 고분자 사슬끼리 서로 엉키게 되는 사슬 엉킴chain entanglement 현상으로 고분자의 용융 점도가 분자량의 3.4 제곱에 비례할 정도로 높아진다.

공학에서 많이 사용되는 무차원수

알벤 수,	볼츠만 수,	본드 수 $\frac{(p-p')ga^2}{\gamma}$,
브루거 수,	브릭만 수 $\frac{\mu U^2}{k\Delta T}$,	캐필러리 수 $\frac{\mu U}{\gamma}$,
담쾰러 수,	데보라 수 $\frac{\lambda}{\theta_D}$,	에커트 수,
에크만 수,	프루드 수 $\frac{U^2}{gL}$,	가우처 수 $\frac{R}{\sqrt{\frac{2\sigma}{pg}}}$,
그레츠수,	하트만 수,	커드슨 수,
루이스 수,	마하 수 $\frac{v}{c}$,	마랑고니 수 $\frac{E_s\gamma}{K_m a\mu}$,
너셀 수 $\frac{ha}{k}$,	페클레 수 $\frac{Ua}{k}$,	프란틀 수 $\frac{\mu}{pk}$,
레일리 수,	레이놀즈 수 $\equiv\frac{Ea^2}{v}$,	리차드손 수,
로스비 수,	슈미트수,	셔우드 수 $\frac{HL}{D}$,
스트로할 수,	테일러 수,	웨버 수 $\frac{pU^2L}{\gamma}$,
바이젠베르크 수 $\frac{U\lambda}{L}$		

이 때문에 가공 중 높은 점도에 의하여 마찰에 의한 에너지 소산으로 시스템 온도가 급상승하기도 한다. 이를 점성 가열viscous heating 현상이라 하는데. 유기 소재인 고분자는 일반적으로 열에 약해서 분해반응 등을 유발할 수 있기 때문에 유의하게 관찰하여야 한다. 이런 현상의 가능성을 판단하는 기준이 바로 브릭만 수이다.

또한 고분자는 분자 사슬이 길어 변형을 주었을 때 제자리를 찾아가는 데(즉, 완화되는 데) 걸리는 시간이 다소 긴 편이다. 이런 완화 시간과 가공 공정에서 지배적인 시간 스케일과의 비를 나타내는 수가 데보라 수이다. 데보라 수를 기준으로 고분자 시스템의 유변 특성을 점성으로만 취급할지, 점탄성 성질로 다룰지를 결정한다.

레이놀즈 수는 관성과 점섬의 비를 나타낸다. 일반적인 고점도 물질에서 이 수는 아주 낮은 편이라 소위 선형적인 점성 유체 흐름viscous flow에서 얻은 여러 개념을 고분자 용융체 분야에서도 적용할 수 있게 된다. 이처럼 공학 분야에서는 무차원수라고 하는 유사성이 아주 중요한 역할을 하고 있다.

09

대수의 법칙

대수의 법칙law of large numbers이란 관찰 대상의 수를 늘려갈수록 개개의 단위가 가지는 고유의 요인은 희석되고 그 집단의 내재된 경향성을 나타내게 된다는, 경험적 확률과 수학적 확률을 나타내는 이론이다. 여론조사에서 표본의 선정과 크기, 신뢰도 등을 제시하는 데 기반이 되는 이론이라 할 수 있다. 하지만 이는 그 표본의 크기가 커질 때 그 성격이 유지된다는 기본적 가정이 필요하고, 그렇지 않은 경우 그저 표본을 늘려서 과장하게 되면 허황된 결과를 제시하게 된다는 맹점도 있다.

예를 들어 코로나 대유행으로 우리의 주 관심사가 되고 있는 백신을 이야기해 보자. 만약 오늘의 백신 접종 수가 10만 명이라 해서 5,000만 명이 다 접종을 받으려면 500일이 필요하다는 식으로 무조건 대수의 법칙을 적용할 수는 없는 노릇이다. 백신 조달 여부, 접종 체계 등등이 항상 오늘과 같은 상황이 아니기 때문이다. 마찬가지로 오늘 확진자가 500명이라 해서 1년 지나면 약 16만 명의 확진자가 나올 것이라는 단순 외삽도 곤란하다. 앞으로의 감염 환경 등이 지금과 같을 것이라는 보장이 전혀 없기 때문이다.

마찬가지로 한 사람이 하루에 100원씩 저축한다면 우리 전체 국민(5천만)이 1년이면 약 2조 원가량 모을 수 있다고 한다면 이런 대수의 법칙은 허황된 것이다. 따라서 대수의 법칙은 그 적용의 범위가 한정적이라 무턱대고 확대 적용하면 곤란하다는 사실을 인지해야 한다.

골프를 마친 뒤 샤워를 할 때면, '우리 모두 조금씩 절약해서 타올 한 장으로 몸을 닦을 수 있다면 많은 세정제 등이 절약되어 환경 보호에 미약하나마 기여할 텐데'하고 생각하곤 한다. 전체 골프장 내장객의 수를 고려하고 대수의 법칙에 따라 절약되는 타올 수가 계산되겠지만 이 또한 아무런 의미가 없는 허황된 추산일 것이다.

대수의 법칙을 적용하는 데는 그 한계를 확실히 해야 할 것이다.

10

프랙탈

밤하늘에 내려치는 번개를 본 적이 있는가? 번개는 내려치면서 무수히 많은 선으로 갈라지며, 그 갈라진 선 역시 또다시 무수히 많이 갈라진다. 만약 번개의 일부분만을 떼어서 본다고 해도 그것을 전체 번개와 구분하기란 어려운 일일 것이다.

이처럼 전체와 부분이 똑같은 모양을 하는 예는 번개 말고도 무수히 많다. 리아스식 해안선, 혈관의 분포, 나무와 나뭇가지, 산맥의 모습

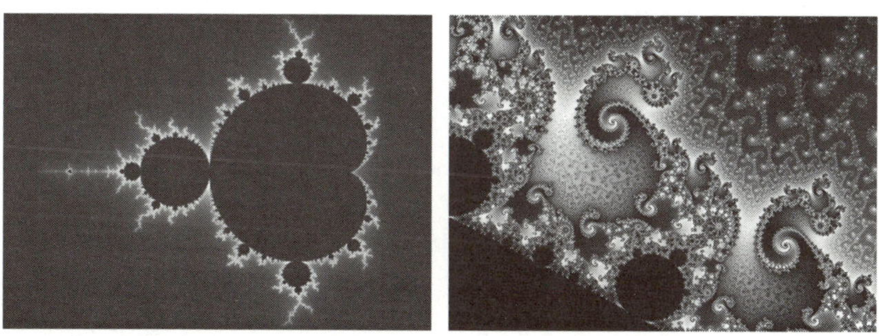

▲ 망델브로 집합의 아름다운 모양

출처: Created by Wolfgang Beyer with the program Ultra Fractal 3., CC BY-SA 3.0, Wikimedia Commons

등 자연계에서 이는 흔히 찾아볼 수 있는 형상이다. 이러한 자기 유사성 개념을 기하학적으로 푼 구조를 프랙탈fractal이라고 한다.

프랙탈의 특징은 자기 유사성self-similarity과 순환성recursiveness이다. 단순한 구조가 끊임없이 반복되면서 복잡하고 묘한 전체 구조가 만들어진 것이 프랙탈이다. 심한 비약이라고 볼 수 있겠지만, 우주의 모든 것이 결국은 프랙탈 구조로 되어 있다고 해도 과언이 아니다.

이 개념은 IBM의 토마스 왓슨Thomas J. Watson 연구센터에 근무했던 프랑스 수학자 망델브로Benoit B. Mandelbrot 박사(폴란드 태생, 1924~2010)가 1975년 '쪼개다'라는 뜻을 가진 라틴어 프랙투스frāctus에서 따온 것이 유래가 되었으며, 그의 책 〈the Nature of Geometry Fractal〉에서 처음 등장한다.

이 책에는 "영국의 해안선 길이는 정확히 얼마일까?"라는 물음에 답하기 위해 자의 눈금을 바꾸어가며 측정하는 내용이 나온다. 영국의 해안선은 리아스식 해안선으로, 움푹 들어간 해안선 안에 굴곡진 해안선이 있고, 그 굴곡진 해안선 안에 또 움푹 들어간 해안선이 있는 구조였다. 측정 결과, 자의 눈금 크기에 따라 전체 해안선의 길이가 달라졌다. 결과적으로 눈금이 아주 작은 자를 이용하면 해안선의 길이는 무한대로 늘어나게 되는데 그 의존성에는 차이가 있다. 이런 눈금자에 의한 총길이의 의존성은 해안선의 모양에 따라 달라지고 이처럼 같은 모양이 반복되는 구조를 결정하는 규칙을 프랙탈이라고 부르기 시작한 것이다.

이 경우 보통 1, 2, 3차원과 같이 정수의 관련성이 있다기보다는 프랙탈 차원fractional dimension, 예를 들면 1.37 제곱의 관련성을 보인다고

▲ Here God creates sky and earth, sun and moon and elements

할 수 있다.

빈에 위치한 오스트리아 국립도서관에 소장되어 있는 1,250년경 무명 작가의 그림 "Here God creates sky and earth, sun and moon and elements(여기, 신이 하늘과 땅, 달과 문과 원소를 만든다)"을 우리는 "Here god creates circles, waves, and fractals.(여기, 신이 원과 파동, 프랙탈을 만든다)"라고 재해석할 수 있다. 자연에서의 모든 운동을 곡선운동(원), 주기적 변화 운동(파동), 불규칙적 운동(프랙탈)으로 대별해서 나타낼 수 있는 것이다.

처음 두 가지 경우는 외견상 확실히 구분되는 알기 쉬운 법칙을 가진 것으로 보인다. 그러나 마지막 경우는 아직 그 법칙이 알려지지 않은 것으로 숨겨진 비밀을 알아내는 일이 우리의 역할이라고 할 수 있다. 자연 과학의 모든 영역에서 이처럼 숨겨진 법칙을 찾아내는 일이야말로 과학자의 몫이다. 고분자 분야도 마찬가지일 것이다.

법칙을 찾아내는 일에서 가장 어려운 것은, 결과에 대한 해석은 가능하지만 예측은 어렵다는 점이다. 이 한계를 극복해야만 새로운 패러다임을 이끌 수 있을 것이다.

11

에너지 정책에 대한 소고

정부에서는 에너지 정책의 재정립을 검토하면서 탈원전과 함께 2030년까지 현 전력 공급의 20%까지 신재생 에너지로 공급하는 것을 목표로 하고 있다고 한다. 이런 목표의 실현 가능성을 검토하기 위하여 현재 우리나라 발전 현황을 자세히 살펴 보아야 한다.

2015년 우리나라의 발전 용량과 발전량을 나타낸 아래 표를 보면 총 발전 용량은 101 GW이며 이중 약 68%가 화력 그리고 21%가 원자력에 의존하고 있다. 재생 에너지는 표에는 없지만 1.3 GW에 불과하다.

2015년 발전 용량과 발전량 수요

	발전 용량	발전량	평균 가동 시간/년
수력	6,471 MW	5,796 GWh	900
화력	69,462 MW	356,965 GWh	5,100
원자력	21,716 MW	164,762 GWh	7,600
자가용	3,750 MW	18,014 GWh	4,800
총계	101,399 MW (101 GW)	545,529 GWh (546 TWh)	5,300

실제로 1년간 발전한 전기량은 총 546 TWh로, 65%가 화력, 30%가 원자력에 의존하고 있고 신재생 에너지 비율은 아주 미미하다.

발전 용량과 실제 연간 발전량의 차이는 연간 평균 발전소 가동 시간과 직접적인 관련이 있다. 화력의 경우 언제든지 유연하게 가동이 가능하므로 연평균 5,100시간을 가동하는 데 비해, 원자력의 경우 그 평균 가동 시간은 연 7,600시간에 이른다. 원자력 발전의 경우 실제 가동하는 것이 가동하지 않고 쉬는 때보다 더 안전하다고 할 수 있다. 반면에 태양광 발전은 우리나라의 기후 조건에서 볼 때 발전 가능 시간은 독일 등 유럽 선진국에서와 같이 연간 약 1,300시간으로 보는 것이 타당하다.

우선 전기 수요의 효과적 계도와 억제를 통하여 현재 550 TWh 수준의 연간 전기 소비를 2030년까지 유지한다고 가정해 보자. 이의 20%인 110 TWh를 신재생 에너지 중 가장 우리나라에 적용이 되리라 기대되는 태양광 발전으로 해결하고자 한다면 85 GW 수준의 발전 용량(연간 1300시간 가동 기준)이 필요하다. 그러기 위해서는 약 200조 정도의 투자 필요하다. 이는 아마도 탈원전 정책으로 2029년까지 수명을 다하고 연장 가동 없이 중단할 것으로 예상되는 12기의 원자력 발전소(9.7 GW 규모)에서 생산해내는 연간 전기에너지 양 약 76 TWh에 대한 대체 공급을 가정한 것 같다.

이런 발전 용량을 갖추는 데는, 소요 경비도 막대하지만 이를 조달할 수 있다고 가정하여도 더 큰 문제는 발전소 부지 면적에 있다. 개략적으로 계산해 보아도 필요한 면적이 약 1,100 km^{2}에 이른다. 이런 규모는 우리나라 총면적 99만 km^{2}의 1.2 % 수준이라 그리 크지 않는

듯 보일 수도 있으나, 현재 우리나라 전체적으로 조성된 국가산업단지의 총면적이 906 km^2이고 지방산업단지 194 km^2를 합친 규모와 정확히 같은 규모이므로 얼마나 큰 부지가 필요한지 알 수 있다. 그러므로 그 실현이 어려운 규모라 아니 할 수 없다.

여기에 더하여 환경 보존과 미세먼지 문제 등으로 화석 연료를 사용하는 자동차를 100% 전기 자동차로 전환한다고 가정해 보면 큰 틀에서 전기에너지 소비량은 더 증가할 것이다. 우리나라 현 보유 차량 1,200만 대를 모두 경차라 가정하고(물론 대형차는 에너지가 훨씬 많이 들겠지만) 5 km/kWh의 연비를 가정하여 연간 2만 km를 주행한다고 하자. 연간 (1200만) × (20,000 km)/(5 km/KWh) = 48 TWh 규모의 전기량이 전기 자동차에 소용될 것이다. 아직 기술적 진보가 진행 중이므로 조금의 감소는 있을 수 있으나, 모두 경차로 가정한 점을 생각하면 실제로는 이보다 더 많은 전기에너지가 필요할 것으로 예상된다.

이 규모는 우리나라 연간 전기에너지 수요량 550 TWh의 약 9%에 해당되는 것이다. 이런 추가적 전기에너지 수요를 전부 태양광 발전으로 해결하려면 37 GW (연간 1,300시간 가동 가정) 정도의 발전 용량이 필요하고 부지 면적만으로 450 km^2, 즉 서울시 면적의 2/3 정도가 필요하다는 계산이다. 따라서 설정한 목표를 달성하기 위하여는 투자 및 가용 면적 등 제반여건에 대한 보다 총체적 검토가 절실히 선행되어야 하겠다. 이런 규모의 전기 수요를 전부 원자력으로 충당한다고 해도 6 GW(연간 7,600시간 가동 가정) 정도의 발전 용량이 필요하므로 800 MW급 발전소 7,8기가 추가로 필요한 것이다.

전기자동차의 경우 경량화와 전기에너지 소모는 직결되므로 경량 소재의 비약적인 발전이 선행된다면 다소 개선의 여지가 있을 것이다. 그러나 애초에 충전 용량이 비교적 적은 쉐보레 볼트와 비슷한 연비를 기준으로 계산한 것이므로 그리 큰 차이는 없을 것이다. 고속 충전 기술의 발전은 에너지 소비량과는 무관하다. 경량 배터리 기술 개발도 1회 충전으로 운행할 수 있는 주행거리 향상에는 도움을 줄 것이나 총에너지 소비량에는 큰 차이를 보이지 않을 것으로 본다.

한 가지 덧붙여 언급하고자 하는 것은 가솔린 자동차는 저속 도시 주행에서 연비가 낮고 정속 주행(예를 들면 80 km/h)을 할 때 연비가 높다. 반면에 전기 자동차(쉐보레 볼트)의 경우 도심 저속 연비는 6 km/kW으로 높으나 고속 도로 주행 시에는 5.1 km/kW로 다소 떨어진다. 따라서 하이브리드 자동차가 두루두루 우수한 연비를 보이는 하나의 이유를 여기서 짐작할 수 있겠다.

전기 자동차뿐 아니라 자율 주행이 대중화되면 많은 에너지를 소모하는 빅데이터 센터가 필요할 것이므로 에너지 수요는 늘어만 갈 것이다. 다가오는 4차 산업혁명의 성공 여부는 에너지의 안정적 확보에 달려 있다고 자신있게 말할 수 있다. 세심한 에너지 전환 정책의 재정립이 매우 시급한 이유이다.

카이스트, 고분자 유체 연구실과 함께한 과학 그리고 고분자 발전의 길

우리나라 인재 양성의 산실 카이스트

카이스트한국과학기술원, KAIST와의 인연은 1976년 봄으로 거슬러 올라간다. 카이스트는 과학 기술 선진화와 산업 인력 양성을 위한 우리나라 최초의 연구중심 대학원으로, 1971년 서울 홍릉에서 시작되었다. 1976년에 석사 과정생으로 입학할 때만 해도, 2019년 카이스트 교수로 정년을 맞게 되리라고는 전혀 상상하지 못하였다. 그러나 그때, 행복한 과학기술인으로의 인생이 시작되었음은 분명하다.

이후 카이스트는 과학 기술 수도 대덕연구단지 건설을 자족적으로 완성하기 위하여 1989년 한국과학기술대학과 합병하여 이전하였다. 마침내 고등학교-대학교-대학원으로 연결되는 완전체 과학영재 교육기관으로 새로이 시작한 것이다. 2009년에는 한국정보통신대학교ICU와 통합하게 되어 IT 중심의 기업가 대학의 변모도 갖추었고, 2021년에 개교 50주년을 맞이하였다.

카이스트는 당초에 400명 정도의 학생 규모를 목표로 하던 시절을 지나 이제 일만 명이 넘는 학생과 6만여 명의 졸업생을 배출하고 있다. 급변하는 국제 환경과 코로나로 가속화되는 사회 변화 속에서 과학 기술 중심사회를 이끌어 갈 미래 사회의 주역, 글로벌 창의 인재를 양성하는 국가대표 명품 대학으로 나아가기 위하여 제2의 창학을 준비하고 있다. 똑똑한 과학영재를 소신과 실력을 갖춘 과학 기술 지도자로 성장하도록 도와주는 것이 카이스트의 시대적 사명일 것이다.

또한, 산업화와 민주화를 통해 이룩한 세계 10위의 경제 대국 위상에 어울리는 과학 기술 세계 선도 연구중심대학으로 발돋움해야 한다. 인류의 대형 난제를 주도적으로 해결할 수 있는 선구자적 과학 기술 인재를 양성하여 국가 기술 장벽을 돌파하는 신산업 혁신을 일으키고, 차세대 먹거리 창출을 견인하는 것이 국가 안보에도 기여할 수 있는 길일 것이다.

4차 산업혁명 시대에 필요한 인공지능, 빅 데이터, 자율 주행 등의 신기술은 물론 그 근간이 되는 핵심 에너지, 환경, 소재 분야에서도 중점 선도연구 역량을 확보해야 할 것이다. 퍼스트 무버first mover, 즉 과학 기술 선구자를 양성하기 위해서는 강의 교육보다 PBL 방식의 창의 학습, 모방 실험보다 궁리 실험 교육을 도입하고, K-MOOC 등의 온라인 강좌를 활용하여 인문 사회 교육도 강화해야 한다. 즉, 학생들에게 각자 자신에게 맞는 맞춤형 학습이나 전공이 가능하도록 다양한 기회가 제공되어야 할 것이다.

과학 기술 교육의 최전선에 서다

공학인으로서 나의 첫 커리어는 78년에 석사를 취득한 후 상공부 화학 공업국 화공 기좌로 부임하여 화학산업 육성 정책 입안에 관여한 것으로 시작된다. 이 또한 카이스트였기에 가능했던 것으로 내게는 크나큰 행운이었다. 이후 박사 과정을 수료하고 1985년 카이스트에 부임하여 30여 년 동안 교육, 연구 경험과 더불어 학과장, 학생처장, 기획처장 등 여러 행정 경험을 쌓았다. 과학 기술 연구중심 대학의 혁신과 발전을 위하여 봉사할 기회를 가질 수 있었던 것에 감사할 따름이다.

두뇌 한국 사업(BK 1단계) 과학 기술 분야 사업단에 응모 선정되면서 급변하는 사회 환경에 대응코자 생명화학공학과로 개명하고, 학사 교육과정도 유연하게 정비하였다. 무학년 무학과 시스템에서 학부 과정에 우수 학생을 유치하기 위하여 LG화학 등의 지원에 의한 학부생 장학제도를 학과 차원에서 대폭 확충하였다. 2002년에는 과학 기술 연구 중심대학 학부생들의 친목과 자긍심 진작을 위하여 카포전이라 부르는 KAIST-포항공대 학생대제전을 처음으로 기획하였다. 학생 동아리 활동 활성화를 위한 동아리 회관, 태울관 미래홀 건설에 필요한 재원을 보태기 위하여 카이스트 동창회 모금 운동을 성공적으로 마무리하였으며, 학교 차원의 김영한 글로벌 리더 장학제도를 마련하였다.

대덕연구단지 조성 30주년 기념 타임캡슐과 2073 타임 광장을 KAIST 학술문화관 앞에 조성하였고 최신형 과학영재 기숙사를 신축하여 전원 캠퍼스 생활을 도모하였다. 또한, 김보정 기초과학육성 기금 조성, 한국예술종합학교와의 협약을 추진하여 글로벌 인재 양성에 보탬을 주고자 하였다. 이종문 재단의 기부금과 정부 지원으로 기업가정신 연구센터를 학내 처음으로 개설하여 기술경영 교육을 본격적으로 시작하였는데, 이는 교육, 연구에 이어 기술사업화를 아우르는 트리플

헬릭스 모델의 연구중심대학 구현을 위한 노력의 일환이었다.

2011년에 2년간 세계 초일류 융복합 연구중심대학 육성을 위해 디지스트대구경북과학기술원, DGIST 부총장으로 파견된 것은 색다른 경험이었다. 이때는 학부 과정 설립추진단장을 역임하면서 학과의 벽을 허무는 새로운 융합기초학부의 설계를 담당하였다. 3C 인재 양성을 위한 독특한 단일학부제의 융합지향형 학사과정을 설계하면서 융복합 학부의 내실 있는 추진과 학부생들의 안정적 학습 기회를 제공하고자 했다. 결국 학부 전임 교수제를 통하여 기초가 튼튼하고 스토리텔링 능력을 갖춘 지식 창조형 융복합 인재 양성을 도모했으며, 모든 교과 과정을 새로이 설계하고 2년여에 걸쳐 교재 개발을 완료하여 융복합 학사과정을 시작할 준비를 마쳤다. 대학원 전담 교수, 학부 전담 교수, 연구원 등으로 맞춤형 인사, 연구 평가 지원 제도 등 신설 또는 재정비하였다. 한국 뇌연구원 설립추진단장으로 우리나라 최초의 한국 뇌연구원 설계, 원장 선임 위원회를 통해 초대 원장 초빙 등 업무를 담당하였다.

2017년부터 2년간은 교무, 학생, 행정 업무를 총괄하는 카이스트 교학 부총장으로 봉사하였다. 쓰나미처럼 다가오는 4차 산업혁명의 물결 등 급변하는 세계적 환경 변화에 대비하고자 카이스트 비전 2031을 수립·발표하였고 이에 따라 교육, 연구, 기술사업화, 국제화 및 미래전략 등 5대 혁신 분야의 실행 계획을 입안하여 글로벌 가치 창출 세계 선도 대학으로서의 카이스트의 제2의 도약을 도모하였다.

특히 교육 분야에서 과학기술 선구자 양성을 위한 융합기초학부를 신설하였고, 동문 입학사정관제를 도입하였으며, 도전·창의에 배려를 추가한 3C 인재상 추구 등 여러 정책적 변화를 도모하였다. 한마디로 문제 해결, HOW 대학에서 문제 정의, WHAT 대학으로의 변신을 추구한 것이다.

그간의 상공부에서의 산업 정책 업무 경험과 두 군데 과학 기술 연구 중심대학에서 융합형 학부를 설계한 경험, 신재생 에너지 및 공정 분야의 교육, 연구 그리고 행정 경험을 바탕으로 볼 때 실력과 소식을 갖춘 자기 주도형 인재만이 선진 대한민국을 대표할 수 있다고 확신한다. 부디 우리나라의 대학들이 인재 양성의 최전선에서 새로운 꿈을 공유하고, 세계 일류 대학을 넘어 이 세상 어디에도 없는 특별한 세계 선도 대학으로 나아가도록 응원할 것이다.

고분자 연구, 끝없는 발견과 확장

미국 스탠퍼드 대학교 유학 생활을 마치고 귀국한 1985년, 필자는 카이스트에서 '고분자 유체 연구실'이라는 실험실을 열었다. 여기서 고분자 유체는 고분자 용액과 고부자 용융체를 합한 개념으로 고분자 소재의 활용을 위하여 필요한 분야이다. 우리나라에서 고분자 유체의 광 유변학, 분자 유변학 연구를 처음으로 시작하였고 고분자 중합 반응 공학, 기능성 고분자 신소재의 나노 복합화 관련 연구 분야의 연구 활성화를 주도하였다. 비상용성 고분자 유변학 이론, 고분자 태양전지, 고분자 전기발광소자의 획기적 성능 향상, 기능성 고분자 복합체 개발 및 콜로이드 결정을 이용한 새로운 리소그래피 공정 연구, 금속 나노 입자의 합성, 접힘이 가능한 그래핀 전극 소재 개발 등을 연구하였다.

최근에는 GQD 연구, 변형 센서 연구로 분야를 확장하면서 연구실 이름을 '고분자 나노 소재 연구실'로 개명하였다. 카이스트 교수로 34년 근무하면서 64명의 박사와 65명의 석사를 양성 배출하여 관련 산업계, 연구계로 진출시켜 우리나라 산업 발전에 나름 이바지하였다.

고분자 태양전지 및 고분자 발광소자의 획기적 성능 향상, 기능성 고분자 나노복합체 개발 등 독창적 연구로 SCI 논문 340여 편, 인용 횟수 10,000여 회, h-index 50을 달성하였다. 국내외 특허 등록 54건을 달성하였고, 특허 판매를 통한 기술이전으로 24만 5천 달러와 선급금 2,000만 원 플러스 기술 경상료를 달성하였다. 최근까지 교육 혁신에 관심을 두고 교학 부총장으로도 봉사하면서 학생들의 자기 주도적 연구와 창발적 사고를 독려하여 노력하였으며, 2019년 8월 정년 퇴임으로 실험실을 닫았다.

항상 마음에 새겼던 얼베르트 센트죄르지•Albert Szent-Gyorgyi의 말씀으로 책을 마무리하고자 한다.

> "발견은 누구나 보는 것을 보면서 아무도 생각하지 못한 것을 생각할 때 일어난다.(Discovery consists of seeing what everybody has seen and thinking what nobody has thought.)"

• 헝가리의 과학자. 비타민 C 합성으로 노벨상을 받았다.

찾아보기

ㄱ

ㄴ

ㄷ

ㄹ

ㅁ

ㅂ

ㅅ

ㅇ

ㅈ

알기 쉬운

고분자 이야기

저　　자 박오옥
발 행 인 김지영
발 행 처 자유아카데미
주　　소 경기도 파주시 회동길 37-42
파주출판도시
전　　화 031-955-1321
팩　　스 031-955-1322
홈페이지 www.freeaca.com
전자우편 main@freeaca.com(대표)
editor@freeaca.com(편집)
crm@freeaca.com(영업)
등　　록 제406-2003-017호, 1980. 7. 12
제1판1쇄 2022년 2월 10일 발행
제1판2쇄 2023년 12월 26일 발행

ISBN 979-11-5808-347-2 93430